Die in den Sitzungsberichten Abtlg. I und Abtlg. II der math.-nat. Klasse der Österr. Ak. d. Wiss. erscheinenden Abhandlungen werden auch einzeln abgegeben. Sie können durch jede Buchhandlung oder direkt durch die Auslieferungsstelle der Österreichischen Akademie der Wissenschaften (Wien I, Singerstraße 12) bezogen werden.

Nachfolgende Abhandlungen aus dem Fache **Botanik** (Biologie) sind erschienen:

1957 (S I Bd. 166):

Politis J.: Über die „Tanninoplasten" oder Gerbstoffbildner der Crassulaceae (mit 2 Textabbildungen und 1 Tafel). S 6.—
Politis J.: Über einen neuen Pflanzenfarbstoff in den Blüten einiger Verbascum-Arten (mit 2 Tafeln). S 5.20
Übeleis Ilse: Osmotischer Wert, Zucker- und Harnstoffpermeabilität einiger Diatomeen (mit 1 Textabbildung). S 30.40

1958 (S I Bd. 167):

Höfler Karl: Permeabilitätsstudien an Parenchymzellen der Blattrippe von Blechnum spicant (mit 5 Textabbildungen). S 45.—
Rechinger K. H., Dulfer H. und Patzak A.: Širjaevii fragmenta astragalogica IV. S 38.10
Url Walter: Zur Wirkung der Atmungsgifte Natriumazid und Dinitrophenol auf die Permeabilität von Blechnum spicant-Zellen (mit 3 Textabbildungen). S 25.—
Wawrik Friederike: Hochgebirgs-Kleingewässer im Arlberggebiet III (mit 3 Textabbildungen und 1 Tafel). S 18.90

1959 (S I Bd. 168):

Biebl Richard: Röntgenstrahlenwirkungen auf Commelinaceenstecklinge (Total- und Partialbestrahlungen) (mit 9 Tabellen und 5 Textabbildungen). S 31.20
Höfler Karl: Über die Gollinger Kalkmoosvereine (mit 1 Textabbildung und 1 Tafel). S 34.50
Höfler Karl und Fetzmann Elsa Leonore: Algen-Kleingesellschaften des Salzlackengebietes am Neusiedler See I (mit 1 Tafel). S 21.50
Hustedt Friedrich: Die Diatomeenflora des Salzlackengebietes im österreichischen Burgenland (mit 31 Textabbildungen und 1 Tafel). S 53.90
Luhan Maria: Zur Wurzelanatomie unserer Alpenpflanzen. IV. Compositae (mit 9 Textabbildungen und 4 Tafeln). S 36.90
Pfoser Karl: Vergleichende Versuche über Verholzungsreaktionen und Fluoreszenz (mit 2 Textabbildungen und 2 Tafeln). S 18.70
Rechinger K. H., Dulfer H. und Patzak A.: Širjaevii fragmenta astragalogica. S 29.40
Wendelberger Gustav: Die Vegetation des Neusiedler See-Gebietes. S 7.20

1960 (S I Bd. 169):

Bolay Erika: Die Vitalfärbung voller Zellsäfte und ihre cytochemische Interpretation (mit einer Textabbildung und 5 Tafeln). S 49.—
Ehrendorfer F.: Neufassung der Sektion Lepto-Galium Lange und Beschreibung neuer Arten und Kombinationen (zur Phylogenie der Gattung Galium, VII). S 12.—
Franz Gertrude: Die Mikroflora einiger Standorte im Leithagebirge in ihrer Abhängigkeit von Boden und Vegetationsdecke (mit 22 Textabbildungen). S 88.—
Pruzsinszky S.: Über Trocken- und Feuchtluftresistenz des Pollens (mit 12 Abbildungen auf 6 Tafeln). S 63.40

1961 (S I Bd. 170):

Fetzmann Elsalore, Vegetationsstudien im Tanner Moor (Mühlviertel, Oberösterreich) (mit 2 Textabbildungen und 2 Tafeln). S 170–3, S 23.–
Pruzsinszky Siegfried und Url Walter, Ein Beitrag zur Desmidiaceenflora des Lungaues. S 170–1, S 9.–
Rechinger K. H., Dufler H. und Patzak A., Širjaevii fragmenta astragalogica XIII. bis XVII. Teil. S 170–2, S 56.–

1962 (S I Bd. 171):

Niklfeld Harald, Über die Pflanzengesellschaften der Fels- und Mauerspalten Südfrankreichs (mit 1 Textabbildung und 1 Falttabelle) 171–23, S 52.–
Url Walter, Permeabilitätsversuche an Stengelepidermiszellen von Gentiana germanica und Gentiana ciliata (mit 3 Textabbildungen) 171–16, S 40.–

ISBN 978-3-662-23747-2 ISBN 978-3-662-25846-0 (eBook)
DOI 10.1007/978-3-662-25846-0

Entwicklungsanatomische und Vitalfärbe-Studien an Luftwurzeln einiger tropischer Orchideen

Von Heide Kuttelwascher

(Aus dem Pflanzenphysiologischen Institut der Universität Wien)

Mit 6 Textabbildungen und 6 Tafeln

(Vorgelegt in der Sitzung am 22. Oktober 1964)

Inhalt

I. Einleitung

Die Beschäftigung mit dem anatomischen Bau der Luftwurzeln epiphytischer Orchideen reicht weit ins vorige Jahrhundert zurück. Während sich die Untersuchungen hauptsächlich auf das Velamen und die Exodermis (bei den älteren Autoren noch Endodermis oder Hypodermis genannt) bezogen, verfaßte LEITGEB (1865) eine grundlegende Arbeit über Orchideen-Luftwurzeln, in der er sämtliche Gewebe des Wurzelkörpers berücksichtigte. 69 *Orchideen-* und 26 *Araceen*arten wurden von ihm untersucht und ihre anatomischen Merkmale dargelegt.

Die Untersuchungen LEITGEBS wurden durch MEINECKE (1894) ergänzt, der an weiteren 70 Orchideenarten anatomisch arbeitete und unter Berücksichtigung der schon vorliegenden Literatur (CHATIN 1856, OUDEMANS 1861, LEITGEB 1865, JANCZEWSKI 1885 u. a.) die gemeinsamen Merkmale systematisch zu verwerten suchte. Er fand meist große Übereinstimmung im Bau nahe verwandter Arten, wofür ihm in erster Linie die Struktur des Velamens und des Rindenparenchyms von Bedeutung war.

Zu Beginn dieses Jahrhunderts erschien dann eine Arbeit von RICHTER (1901), der sich hauptsächlich mit der Ausbildung der Wurzelhaube bei *Orchideen*, *Aroiden*, *Palmen*, *Pandaneen* und *Urticaceen* befaßte.

SOLEREDER und MEYER (1930) sammelten die schon vorhandenen Erkenntnisse über die Luftwurzeln der Orchideen und gaben sie in zusammenfassender Form wieder.

Schließlich verdanken wir v. GUTTENBERG (1940) die jüngste umfassende Darstellung der Luftwurzelanatomie in seinem bekannten Werk „Der primäre Bau der Angiospermenwurzel"; sie gilt auch heute noch als Resumee der Luftwurzelanatomie und bevorzugte Quelle für Arbeiten über Orchideen-Luftwurzeln.

Von neueren anatomischen Arbeiten geringeren Umfangs möchte ich KRAFT (1949), NAPP-ZINN (1953) und MULAY, DESHPANDE und WILLIAMS (1958) erwähnen.

Über die Entwicklung der Luftwurzeln vom Vegetationspunkt her machte sich schon LEITGEB (1865) Gedanken. Er untersuchte an Längsschnitten durch das Urmeristem am Vegetationskegel die Entwicklung des Velamens und erkannte dabei als erster, daß es sich hier um eine mehrschichtige Epidermis handle und nicht, wie bei früheren Autoren angegeben, um ein „intermediäres Gewebe" zwischen Exodermis und Epidermis.

KROLL (1912) unterzog sich der Mühe, aus der Vielzahl von Arbeiten, die sich mit der Abstammung der Histogene bei den verschiedensten Pflanzenfamilien auseinandersetzten, die Ergebnisse systematisch zu ordnen und einheitlich zu klassifizieren. Er stützte sich bei den Orchideen hauptsächlich auf die Arbeiten von TREUB (1876) und FLAHAULT (1878), die außer *Vanilla planifolia* und *Stanhopea* nur Erdwurzeln von einheimischen Orchideenarten untersuchten. HABERLANDT (1924) hat schließlich auf Grund der Arbeiten, die z. T. schon KROLL als Quellen gedient hatten, eine Gliederung in sechs Wurzeltypen vorgeschlagen, wobei er Abstammung und Entwicklung der Wurzelhaube als differierendes Merkmal annahm.

Einer anderen Kombination der bis dahin vorhandenen Einteilungsprinzipien gab SCHÜEPP (1926) den Vorzug, wobei er bei der Zugehörigkeit der einzelnen Familien im wesentlichen auf KROLL zurückgeht. GUTTENBERG reduzierte die Typenzahl der Wurzelspitzen bei Monokotyledonen auf zwei, den „Gramineen-Typus" und den „Liliaceen-Typus" (SCHADE und GUTTENBERG 1951). In den späteren Arbeiten (GUTTENBERG und Mitarbeiter 1957, GUTTENBERG 1960) wurden dafür die Termini „geschlossener" und „offener Typus" eingeführt. (Auf diese zwei Typen soll in der vorliegenden Arbeit noch näher eingegangen werden.)

Speziell über den Bau der *Orchideen*-Luftwurzeln am Vegetationspunkt liegen neuere Untersuchungen von ENGARD (1943) vor. Ihn beschäftigte hauptsächlich die Entstehung des Velamens und der Exodermis. Aber auch für die Beziehungen der Histogene zueinander am Vegetationspunkt finden sich bei ihm Angaben.

* *
*

In den vorliegenden Untersuchungen ist der Vitalfärbung ein breiter Raum gewidmet. Es soll versucht werden, mit ihrer Hilfe einige entwicklungsanatomische Ergebnisse zu deuten und zu untermauern.

Die zellphysiologische Methode der Vitalfärbung, die uns über den Zustand der Zellen und darüber hinaus auch über ihre Entwicklung Aufschluß zu geben imstande ist, wurde — soweit die vorhandene Literatur daraufhin geprüft werden konnte — an Orchideenluftwurzeln noch nicht erprobt. Gerade aber die Vitalfärbung, die seit ihrem Beginn noch im letzten Jahrhundert (PFEFFER 1886) eine große Anzahl leicht permeierender Farbstoffe für die Untersuchung verschiedenster Probleme bereitgestellt hat, kann im Fall der Orchideen-Luftwurzeln sehr aufschlußreich sein. Denn sie ist imstande, Veränderungen des Stoffgefüges in den Zellen sichtbar werden zu lassen, und gerade diese Veränderungen wieder — etwa im Chemismus des Zellsaftes — sind symptomatisch für den Entwicklungszustand einer Zelle und den ihr eigentümlichen Entwicklungsverlauf.

Die Vitalfarbstoffe, im speziellen die hier verwendeten basischen, die dadurch gekennzeichnet sind, daß im Fall einer Ionisierung das Kation als Farbträger fungiert, permeieren das vitale Plasma sehr leicht und besitzen z. T. in größerem oder geringerem Umfang die Eigenschaft der Metachromasie. Je nach dem Speicherstoffgehalt der Zellsäfte, dessen wechselnde Stärke den Charakter des Zellsaftes im Vitalfärbe-Experiment definiert, kann man nach HÖFLERS Terminologie „volle" und „leere" Zellsäfte unterscheiden (HÖFLER 1947, 1949, KINZEL 1958). Jeden der beiden Typen entspricht ein spezieller Mechanismus der Farbstoffbindung, der wiederum unterschiedliche, positive oder negative Metachromasie bedingt. Negative Metachromasie zeigt das Vorhandensein farbspeichernder Stoffe an, wie es etwa Flavonoide oder Gerbstoffe sind, positive Metachromasie bedeutet, daß infolge des Fehlens solcher farbbindender Substanzen der Vitalfarbstoff in ionisierter Form angereichert wurde. Ohne darauf näher eingehen zu wollen, möchte ich auf die Literatur verweisen, die sich mit der Theorie der Vitalfärbung auseinandersetzt (HÖFLER 1947, 1949, 1953, HÖFLER und SCHINDLER 1956, HÖFLER und KINZEL 1963, DRAWERT 1956, KINZEL 1957, 1958, HARMS 1957—1959).

II. Material und Methodik

An pflanzlichem Material standen mir Luftwurzeln folgender Orchideen aus den Glashäusern des Botanischen Institutes und des Pflanzenphysiologischen Institutes der Universität Wien zur Verfügung:

Brassavola flagellaris	Botanischer Garten und Institut
Brassia verrucosa	Botanischer Garten und Institut
Coelogyne fimbriata	Botanischer Garten und Institut
Dendrobium moschatum	Versuchsgarten Augarten des Pflanzenphysiologischen Instituts
Eria javanica	Pflanzenphysiologisches Institut
Laelio-Cattleya (Typ WB 1)	Versuchsgarten Augarten des Pflanzenphysiologischen Instituts
Vanilla planifolia	Botanischer Garten und Institut

Zur Darlegung der allgemeinen anatomischen Struktur und für die Durchführung der Vitalfärbeversuche genügten mäßig dicke Mikrotomschnitte durch das lebende Wurzelgewebe. Die Schnittdicke betrug im erwachsenen Gewebe etwa 120 μ, am Vegetationspunkt gegen 80 μ. Für die entwicklungsanatomischen Studien mußten jedoch Paraffinschnitte hergestellt werden. Die Wurzelspitzen wurden hiezu in NEMECschem Gemisch[1] (94 Teile 1%ige Chromsäure, 5 Teile 40%iges Formaldehyd und 1 Teil Eisessig), das sich für meine Objekte sehr gut eignete, fixiert, anschließend durch eine steigende Alkoholreihe entwässert und in Paraffin eingebettet. Die Schnittdicke betrug hier 7—8 μ. Die Färbung der Schnitte erfolgte mit EHRLICHschem Haematoxylin (vgl. ROMEIS 1948).

Als Vitalfarbstoffe kamen Neutralrot, Acridinorange und Toluidinblau zur Anwendung. Von diesen Farbstoffen wurden Stammlösungen 1:1000 mit destilliertem Wasser hergestellt, die knapp vor Beginn jedes Versuches auf eine Konzentration von 1:10000 verdünnt wurden. Bei Neutralrot wurde Leitungswasser (pH 7,8) verwendet, Acridinorange und Toluidinblau wurden mittels Phosphatpuffer auf pH 8,3 gepuffert. Um vergleichbare Ergebnisse zu erzielen, hielt ich regelmäßig eine Färbedauer von 10 Minuten ein.

Die Verholzung der Zellwände wurde durch Behandlung mit Phloroglucin-Salzsäure (in der Folge soll die Abkürzung PhS verwendet werden) nachgewiesen oder ihre Primärfluoreszenz im UV-Licht geprüft.

Eine allfällige Verkorkung bzw. Kutinisierung versuchte ich mit Sudan III, welches eine Rotfärbung der Suberinlamellen verursacht, oder durch Verseifen mit KOH nachzuweisen.

III. Zur Luftwurzel-Anatomie der untersuchten Orchideenarten

1. Allgemeines

Ganz allgemein kann gesagt werden, daß die Luftwurzeln der Orchideen grundsätzlich aus denselben Geweben bestehen wie die Erdwurzeln, sie zeigen aber bestimmte Anpassungen an die epiphytische Lebensweise (u. a. LEITGEB 1865, MEINECKE 1894, SOLEREDER und MEYER 1930, GUTTENBERG 1940): Dies äußert sich vor allem in dem Vorhandensein eines eigenartigen Hautgewebes, das hier an Stelle der Rhizodermis ausgebildet ist und den Wurzeln

[1] Siehe WAGNER 1939, S. 22.

ein silberglänzendes Aussehen gibt; es wurde schon 1824 von LINK zuerst beobachtet und von SCHLEIDEN (1849) als Wurzelhülle (velamen radicum) bezeichnet. Das Velamen ist meist mehrschichtig, es besteht in erwachsenem Zustand aus toten Zellen, deren Zellwände netzartig oder spiralig verdickt sind. Von einem Velamen spricht man aber auch dann, wenn nur eine einzige Zellschicht mit den erwähnten Eigenschaften vorhanden ist. Sind Wurzelhaare ausgebildet, so können auch sie Versteifungen erhalten und früh absterben. Nur selten finden wir an Orchideenluftwurzeln eine gewöhnliche Rhizodermis ausgebildet, so bei *Vanilla planifolia*.

Nach innen dem Velamen anliegend, folgt die äußerste Rindenschicht, die Exodermis; in der Regel einschichtig, ist sie bei Luftwurzeln immer als Kurzzellenexodermis (vgl. GUTTENBERG 1940, „Kurzzellen-Interkutia" KROEMER 1903) ausgebildet. Das charakteristische Merkmal dieser Schicht besteht in einem regelmäßigen Wechsel von Lang- und Kurzzellen. Während die Langzellen im erwachsenen Zustand von einer dünnen Suberinlamelle umgeben sind, verschiedenartigste Verdickungen aufweisen und vielfach auch früh absterben, bleiben die Kurzzellen am Leben, erhalten meist keine Wandverdickung und werden — gleich den unverdickten Endodermiszellen — auch Durchlaßzellen genannt. Über den Kurzzellen kann die innerste Velamenschicht bei manchen Orchideen-Arten eine größere Schichtenzahl bzw. eine andere Bauart ihrer Zellen zeigen, wodurch es zur Ausbildung von Deckzellen (LEITGEB 1865) oder zu eigenartigen Verdickungen über den Kurzzellen (Stabkörper, LEITGEB 1864, MEINECKE 1894) kommt. Stabkörper konnte ich an meinem untersuchten Material nicht feststellen.

Zwischen der Exodermis als äußerster und der Endodermis als innerster Rindenschicht erstrecken sich zahlreiche Rindenparenchymschichten (im folgenden auch häufig nur als Rinde bezeichnet), deren mittlere Zellreihen häufig größere Zellen zeigen. Als Inhalt kann man in den Rindenparenchymzellen reichliche Chloroplasten sehen, auch Stärke ist vorhanden. Raphiden sind, wenn vorhanden, in den meisten Fällen auf die zweite und dritte Schicht von außen beschränkt.

Ähnlich wie die Velamenzellen sind auch die Rindenparenchymzellen häufig verschiedenartig versteift. Vielfach setzen sich wenige bandförmige Verdickungsleisten über ganze Zellreihen fort und bilden so eine netzartige Verdickung innerhalb der Rinde. Die Zellwandverdickungen geben Holzreaktion. Bei einem Großteil meines Untersuchungsmaterials fielen in der erwachsenen Rinde auch immer wieder einzelne Zellen mit schwach verholzter Zellwand auf, die später — an älteren Wurzelstücken — in so großer Zahl auftreten, daß fast jede zweite Zelle von diesen Verstärkungen betroffen war.

Die Endodermis besitzt durchschnittlich starke O- oder U-förmige Wandverdickung, die nur in den Durchlaßzellen über den Hadromstrahlen fehlt. Ebenso stark oder noch stärker verdickte Zellen finden sich überall im Zentralzylinder, sowohl im Perizykel, wo sie ähnlich der Endodermis mit unverdickten Zellen abwechseln, als auch im Verbindungsgewebe zwischen den Gefäßplatten und schließlich im zentralen Mark.

Ich möchte nun auf den anatomischen Bau der von mir untersuchten Arten näher eingehen.

2. *Brassavola flagellaris* Rodr.

Von dieser Art findet sich in der Literatur keine Beschreibung, wohl aber von *Brassavola venosa* bei Chatin (1856) und *Br. rhopalorrhachis* (bei Meinecke 1894).

Das Velamen nimmt $^1/_{10}$ des Gesamtdurchmessers ein und ist 4schichtig. Im Querschnitt sind die Zellen in allen Schichten mäßig radial gestreckt, im Längsschnitt erscheinen sie als längsgestreckte, 6eckige Zellen, in der äußeren Schichte mehr quadratisch bis rechteckig. Die Verstärkungen bestehen aus breiten Spiralen, die gelegentlich auch Maschen bilden. Über den Kurzzellen kann man an Längsschnitten eine uhrglasförmige Zelle finden. Die Wand gegen die Exodermis zu ist mäßig verdickt.

Die Kurzzellen der Exodermis sind gegenüber den Langzellen im Längsschnitt etwas eingesenkt. Ihre Form ist quadratisch, im Querschnitt sind sie in ihrem Umriß von den Langzellen nicht zu unterscheiden. In der Aufsicht erscheinen sie als kreisrunde Zellen, die regelmäßig mit den Langzellen alternieren. Die sekundären Membranauflagerungen in den Langzellen sind schwach ausgebildet.

Die Rinde wird von einem ca. 10schichtigen Parenchym aufgebaut, dessen Zellen rundlich und nach allen Dimensionen gleich groß sind. Es ist bemerkenswert, daß in diesem Gewebe Zellen vorkommen, deren Wände etwas verstärkt sind und, wie vorhin besprochen, Holzreaktion geben. Ihr Vorkommen ist an keine spezielle Schicht gebunden. *Brassavola flagellaris* zeichnet sich noch durch Anthocyanvorkommen im Zellsaft aus.

Die Endodermiszellen weisen eine mäßig starke Verdickung der Zellwände auf, die allseits gleich stark entwickelt ist. Über den

Xylemstrahlen befinden sich durchschnittlich je 2 unverdickte Durchlaßzellen, bei denen nur die Casparyschen Streifen auf Holzreaktion ansprechen.

Eine wesentlich dickere Sekundärwand besitzen die Zellen des Perizykels. Auch hier wechseln unverdickte Zellen (2—3) über den Xylemstrahlen mit dickwandigen Zellen (meist 3) ab.

Das Gefäßbündel (es nimmt $^1/_7$ des Gesamtdurchmessers ein) ist hier bei einem Querschnitt in 3 cm Entfernung von der Wurzelspitze weitgehend verholzt. Am stärksten sind davon die Parenchymzellen zwischen Phloem- und Xylemstrahlen betroffen. Nur die Phloemteile und das Mark sind nicht verholzt.

Interessant war die unterschiedliche Intensität der Verholzung des Markes. Die äußersten Zellen zeigten geringere Verholzung als eine Reihe von Zellen, die das unverholzte Markzentrum abgrenzen. Außerdem gaben zwei benachbarte Zellen inmitten des unverholzten Markteiles ebenfalls Holzreaktion.

Die Anzahl der Xylemstrahlen betrug einmal 13, bei einer anderen Wurzel 16.

3. *Brassia verrucosa* BATEM.

Das Velamen, das ca. $^1/_5$ des Wurzeldurchmessers einnimmt, besitzt 5—7 Reihen von Zellen, welche im Querschnitt in den mittleren Schichten etwas radial gestreckt sind, in den innersten Schichten zeigen sie größere radiale Streckung, in der äußersten Schicht hingegen erweisen sich die Zellen als 5eckig bis quadratisch. Im Längsschnitt sind die Zellen der äußersten Schicht etwas axial gestreckt, aber nicht so deutlich wie in den übrigen Schichten, deren Zellen doppelt so lang wie breit und gegen die Achse in einem sehr spitzen Winkel geneigt sind. LEITGEB, der sich ebenfalls mit dieser Art beschäftigt hatte, fand 10 Velamenschichten; die Spiralfasern sollen nach seiner Angabe große Maschen bilden. Bei meinen Schnitten konnte ich jedoch keine Maschenbildung der Versteifungen feststellen. Dagegen fand ich seine Angabe, daß nämlich die innere tangentiale Zellwand des Velamens auch über den Kurzzellen mit dichten Leisten besetzt sei, bei meinem Material bestätigt.

Bei der Exodermis kann man auch im Querschnitt die Kurzzellen von den Langzellen an ihrer Form unterscheiden. Abgesehen vom lebenden Protoplasten erscheinen sie breiter, d. h. tangential gestreckter als die Langzellen. Im Längsschnitt gleichen sie Kegelstümpfen, deren Breitseite gegen das Velamen gekehrt ist. Die Langzellen sind ringsum schwach, aber gleichmäßig verdickt.

Die Rinde ist mit 5 Zellschichten verhältnismäßig gering entwickelt, ihre 3. und 4. Schicht von außen weisen besonders große Zellen auf. Während sie im Querschnitt rund erscheinen, sehen sie im Längsschnitt axial gestreckt und eher rechteckig aus. In der 2. und 3. Zellreihe von außen liegen die Raphidenzellen und einzelne Parenchymzellen mit einer verholzten Wand (an einem Querschnitt in 4 cm Entfernung von der Spitze).

Die Zellen der Endodermis haben U-förmige Wandverdickungen; die am stärksten verdickte Wand liegt dem Perizykel an. Das Verhältnis der verdickten zu den Durchlaßzellen beträgt hier 2—3 zu 2, im Perizykel dagegen 5 zu 2—3. Die große Anzahl dickwandiger Zellen (gegenüber der Endodermis) erklärt sich daraus, daß die Perizykelzellen im Querschnitt wesentlich kleiner als die Endodermiszellen sind. Im Perizykel fallen die angeschnittenen Querwände durch große Tüpfel auf, wodurch die Wand netzartig verdickt erscheint.

Zellen mit ähnlich großen Tüpfeln an den Querwänden finden sich auch im verholzten Parenchym des Zentralzylinders. Das Mark weist geringe Verdickung der Wände, aber totale Verholzung auf. Bei dieser Wurzel waren 20 Xylem- bzw. Phloemstrahlen zu finden.

4. *Dendrobium moschatum* Sw.

Fig. 1 zeigt einen Querschnitt durch *Dendrobium moschatum*: Die Zellen der 4—6 (hier 4) Velamenschichten sind radial gestreckt, 6eckig, keine radialen Reihen bildend, wie es für andere Dendrobiumarten beschrieben wurde (Leitgeb 1865, Meinecke 1894). Im Längsschnitt erscheinen die Zellen 6eckig und axial gestreckt, mit spiraligen Verdickungsleisten in breiteren Abständen. In der innersten Reihe sind die Leisten etwas enger gestellt. In derselben Schicht liegen auch die Deckzellen, die in Abb. 1 auf Seite 450 im Querschnitt dargestellt sind.

Die Langzellen der Exodermis sind ringsum mäßig verdickt.

In der Rinde, die sich aus ca. 9 Zellreihen zusammensetzt, fällt die große Zahl schwach verdickter und verholzter Zellen auf. Ein Teil davon sind Raphidenzellen, die sich aber im Längsschnitt durch ihre extrem langgestreckte Form auszeichnen und auf die 2. und 3. Zellreihe von außen beschränkt sind. Diese Beobachtung wurde bei fast allen untersuchten Arten gemacht.

In der Endodermis liegen zwischen jeweils 4 verdickten Zellen 2 Durchlaßzellen. Im Perizykel ist die Zahl der unverdickten

Zellen durchschnittlich um je eine vermehrt, die Wandverdickung der übrigen Zellen jedoch etwas mächtiger als in der Endodermis. Der übrige Zentralzylinder ist bis auf das Phloem und das Mark stark verholzt. Die Anzahl der Xylemstrahlen beträgt in diesem Fall 12, sie variiert aber je nach Dicke der Wurzel: Bei einer dünneren fand ich 8, bei dickeren Wurzeln konnte ich bis zu 28 Xylem- und Phloemteile zählen.

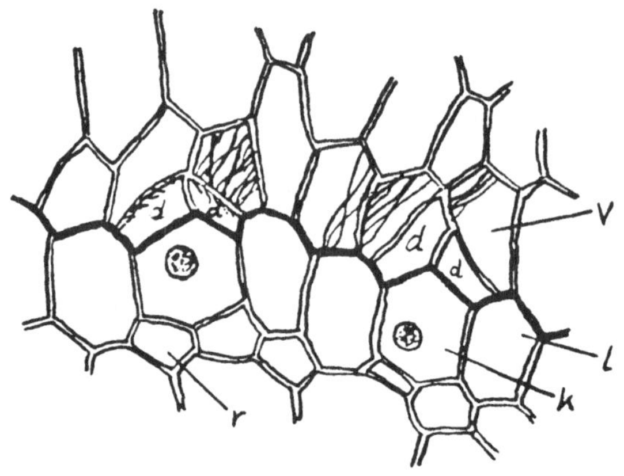

Abb. 1. *Dendrobium moschatum.* Wurzel quer, Ausschnitt. v = Velamen, l = Langzelle, k = Kurzzelle, d = Deckzellen.

5. *Eria javanica* BL.

Die äußerste Zellreihe des 4schichtigen Velamens bildet papillöse Haare aus. Die Zellen sind mit spiralig-netzartigen Leisten ausgestattet, die in der äußersten Schichte etwas enger liegen. Die Haare sind verholzt, aber nicht versteift. Die Form der Zellen ist axial gestreckt, im Querschnitt wirken sie rundlich, in der äußersten Schicht sind sie radial etwas länger. Die Wand gegen die Exodermis ist verstärkt. MEINECKE fand auch bei *Eria ornata* kurze einzellige Haare, jedoch wies das Velamen nur 2 Schichten ohne Versteifungen auf, OUDEMANS beschrieb für *E. stellata* ein 3—4schichtiges, spiralig verdicktes Velamen.

Im Gegensatz zu den anderen von mir untersuchten Wurzeln sind sowohl die Kurz- als auch die Langzellen im Querschnitt breiter als lang. Die Kurzzellen zeigen an Längsschnitten rechteckige Form, sie sind breit, ragen aber nicht über die Langzellen hervor.

In der mächtig entwickelten Rinde trifft man wieder die verstreut liegenden verholzten Zellen an. Die Form der Rindenzellen ist eher rechteckig, die Zellen sind axial gestreckt.

Die Endodermis ist an einem Querschnitt in 3 cm Entfernung erst schwach verholzt. Eine etwas stärkere Verholzung findet man nur an den Radialwänden. Über den Xylemstreifen liegen je 4 Durchlaßzellen mit Casparyschen Streifen, dazwischen jeweils 5 verholzte Zellen. Sie sind im Querschnitt radial gestreckt.

Der Perizykel ist hier noch nicht verholzt. Verdickt und stark verholzt hingegen sind im Zentralzylinder außer den Gefäßen noch die seitlich des Phloems gelegenen Zellen. Die Phloemanteile fallen bei dieser Art durch besondere Größe auf. Die Markzellen sind unverholzt.

6. *Laelio-Cattleya*

Das Velamen, das ungefähr $^1/_6$ des Durchmessers einnimmt, ist 5schichtig und besteht aus 6eckigen, sehr kantigen Zellen, die in radialer Richtung gestreckt sind. Die Wand gegen die Exodermis ist über den Langzellen etwas stärker verdickt als über den Kurzzellen. Im Längsschnitt nehmen die Schichten (bis auf die äußerste, deren Zellen auch etwas kürzer sind) gegenüber der Achse einen Winkel von etwa 50° ein. Als Verdickungsleisten fungieren Spiralen, die weiter voneinander entfernt sind und Maschen bilden. Über den Kurzzellen wölbt sich auch hier eine uhrglasförmige Zelle.

Die Langzellen sind an der äußeren Tangentialwand stärker, an der Wand gegen die Rinde zu nur wenig verdickt und geben schwache Holzreaktion. Die Kurzzellen haben im Längsschnitt die Form von Kegelstümpfen, deren Breitseite sich dem Velamen zuwendet. Im Querschnitt erscheinen sie von beiden Seiten etwas eingesenkt.

Die Rinde, deren Zellen im Querschnitt rund, an Längsschnitten axial gestreckt sind, bildet bänderförmige Wandversteifungen aus. Am Querschnitt (vgl. Fig. 2) sieht man nicht nur die Fläche, sondern auch die Anschnitte der Bänder an den radialen Längswänden. Selten sind sie an den Tangentialwänden zu finden. Meist kommt pro Zelle nur ein Streifen vor, der sich aber verzweigen kann. Im UV-Licht leuchten die Bänder schwach graublau, die Anschnitte fallen aber durch strahlend gelbe Fluoreszenz auf. Sie reagieren auf PhS positiv.

Die Endodermis besitzt zwischen 5 verholzten Zellen 2—3 Durchlaßzellen. Beim Perizykel sind es bei gleicher Anzahl verdickter Zellen jedoch 5.

Der Zentralzylinder wies einmal 15, ein anderes Mal 13 Xylemstrahlen auf. Er ist stark verholzt mit Ausnahme der Phloemteile und des Markinneren, in dem sich aber Nester von 2—3 verholzten Zellen befinden (am Ende einer 3 cm langen Wurzel).

7. *Oncidium sphacelatum* LINDL.

Abb. 2 zeigt einen Querschnitt einer erwachsenen Wurzel. Das Velamen ist 5—6schichtig (VAN TIEGHEM beschrieb es 6—10schichtig, JANCZEWSKI mit 5—6 Schichten, LEITGEB fand 5 Schichten). Im Querschnitt erscheinen die Zellen 6eckig, wenig radial gestreckt, die Wand gegen die Exodermis ist stärker (LEITGEB beschreibt sie mit dichten Leisten, ohne Unterschied über den Kurzzellen). Als Verstärkungen werden von CHATIN und LEITGEB Spiralen angegeben. Auf dem Foto sieht man das Velamen infolge Anhaftung der Wurzel an einen Gegenstand einseitig schmäler entwickelt. Es werden aber nicht die Velamenschichten reduziert, sondern die Zellen werden kleiner ausgebildet (siehe LEITGEB 1865, S. 183).

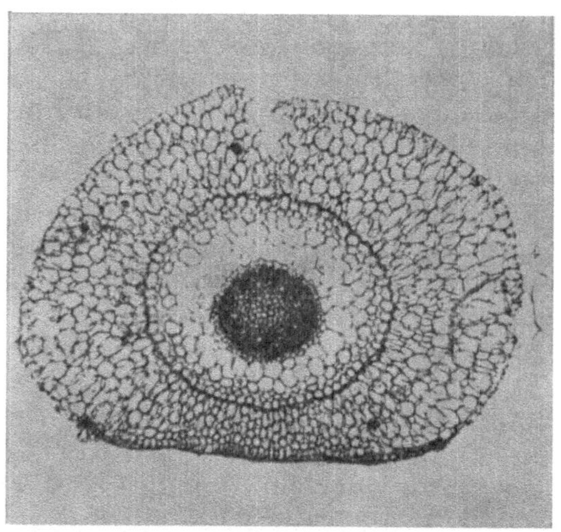

Abb. 2. *Oncidium sphacelatum*. Querschnitt am Ende einer 3 cm langen Wurzel. v = Velamen, ex = Exodermis, r = Rindenparenchym, en = Endodermis, zz = Zentralzylinder.

Die Langzellen sind ringsum gleichmäßig schwach verdickt, die Kurzzellen haben hier im Querschnitt die gleiche Form, ohne verdickt zu sein. Ein Querschnitt bei einer anderen Wurzel zeigt sie etwas tangential gestreckt.

Die Rinde ist wenig mächtig entwickelt. Im Querschnitt kann man 5 Schichten erkennen, von denen die 4. Schicht von außen die größtlumigen Zellen besitzt. Während in dieser Schnittrichtung alle Zellen unverdickt erscheinen, erkennt man an Längsschnitten, besonders in den inneren Schichten einige Zellen spiralig oder netzartig verstärkt (VAN TIEGHEM 1870/71, LEITGEB bezeichnet die Form der Verdickungen bei *Oncidium*arten als „arabeskenartig"). Zu bemerken wäre, daß solche Zellen nicht kontinuierlich der Länge nach in der Wurzel auftreten.

Bei einem Längsschnitt durch ein Wurzelstück in 10—20 mm Entfernung vom Vegetationspunkt konnte ich in fast allen Rindenschichten schöne oktaedrische Kalkoxalat-Kristalle feststellen. Diese Einzelbeobachtung wurde bei späteren Untersuchungen nicht mehr gemacht.

Die Endodermis beschreibt JANCZEWSKI (1885) als großlumig und wenig verdickt. Bei meinem Untersuchungsmaterial waren die Zellwände vielfach stark verdickt. Es alternieren 2 Durchlaßzellen mit ca. 5 verholzten Zellen. Beim Perizykel sind es je 3 unverdickte zwischen 4—5 verstärkten Zellen.

Im Zentralzylinder fällt ein stark verdicktes und verholztes Mark auf. Die von der Verholzung ausgesparten Phloemteile erweisen sich verhältnismäßig klein und schmal.

8. *Vanilla planifolia* ANDR.

Über diese Orchideenart liegen schon so viele, darunter auch neuere Untersuchungen vor, daß ich nur das Wesentliche hervorheben möchte (CHATIN 1856, OUDEMANS 1861, LEITGEB 1865, HOLM 1915, NAPP-ZINN 1953 und NEUBAUER 1961). Gegenüber anderen Orchideen zeichnet sich *Vanilla* durch eine einschichtige Rhizodermis aus. Die Rinde ist mächtig entwickelt und besitzt kleine, isodiametrische Zellen. Hervorzuheben wäre noch der 2schichtige Perizykel, der über den Siebteilen noch an Mächtigkeit gewinnen kann. Der Casparysche Streifen in der Endodermis ist undeutlich.

IV. Entwicklungsanatomische Beobachtungen

1. Die Entwicklung am Vegetationspunkt

Bei niederen Pflanzen (bis hinauf zu den Pteridophyten) geht die Entwicklung von einer einzigen Scheitelzelle aus, bei Gymnospermen und Angiospermen nimmt sie ihren Ausgang von einer Gruppe von Initialzellen, aus denen sich die einzelnen Histogene ableiten. Beim Wurzelvegetationspunkt kann man — nach der Terminologie HANSTEINS (1868) — vier Histogene, das Kalyptrogen, Dermatogen, Periblem und Plerom, unterscheiden, die die Bildungsgewebe für Wurzelhaube, Epidermis (Rhizodermis), Rinde und Zentralzylinder darstellen.

Das Bemühen zahlreicher Forscher, die Wurzelgewebe bis zur Vegetationsspitze zu verfolgen und von bestimmten Histogenen oder Initialzellen herzuleiten, hat in der Folge zu einer großen Zahl entwicklungsanatomischer Arbeiten geführt, die zu überblicken und kritisch zu sichten, heute schon schwer ist. In seiner „Gesamtdarstellung der Histogenese höherer Pflanzen" hat dies GUTTENBERG (1960) in sehr glücklicher Weise unternommen und durch eigene Untersuchungen ergänzt. GUTTENBERG selbst hat zwar die Orchideen nicht untersucht, zählt sie aber seinem „Liliaceen-Typ" bzw. „offenem Typus" zu. Beim Liliaceentypus findet sich am Vegetationspunkt eine Gruppe von Initialzellen, die sich periklin teilen und in axialer Richtung Zellderivate sowohl an die Wurzel-

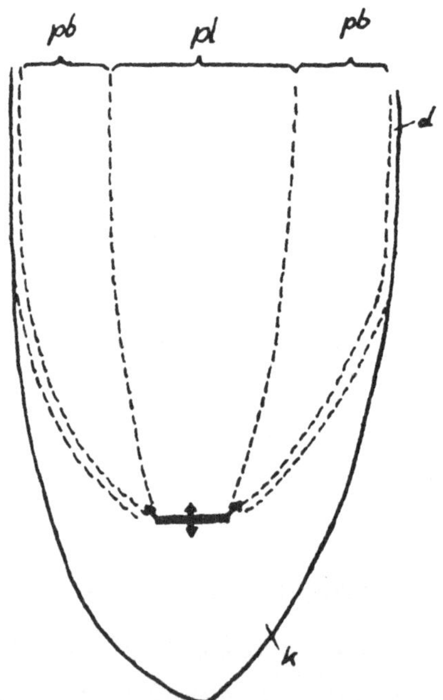

Abb. 3. Schematische Darstellung des Normal- oder Liliaceentypus. (k = Kalyptra, d = Dermatogen, pb = Periblem, pl = Plerom.) Zeichnung nach KAUSSMANN (1963, S. 149), etwas verändert.

haube als auch an den Zentralzylinder abgeben. Seitlich entstehen Protoderm und das Periblem. Die nachfolgende Skizze soll dies veranschaulichen (Abb. 3).

Beim zweiten, dem Gramineentypus, sind gesonderte Initialzellen für das Kalyptrogen, für das Dermatogen + Periblem und für das Plerom vorhanden. Zu diesem Typ werden die *Gramineen*, *Cyperaceen*, *Juncaceen* usw. gezählt.

Rückblickend auf die ältere Literatur sei noch kurz erwähnt: KROLL (1912) teilt die Orchideenwurzeln seinem Typ IV der Monoketyledonen zu, den er folgendermaßen beschreibt: „In der Wurzelspitze finden sich folgende Meristeme: Plerom und ‚une groupe d'initiales communes' für die übrigen Gewebe" (siehe KROLL 1912, S. 152).

Nach SCHÜEPPS Untersuchungen (1926) sollen die Orchideen seiner III. Gruppe zugehören, den „Wurzelspitzen ohne ausgezeichnete Initialzellen", und zwar bildet hier der „Wurzelkörper den Zentralzylinder, die Rinde und die Epidermis, die Kappe bildet die Haube", aber „ohne scharfe Grenzen im Vegetationspunkt" (Typ III Ba, SCHÜEPP 1926, S. 73).

In ENGARDS Arbeit ist nur die HABERLANDTsche Einteilung zugrunde gelegt. Den Großteil der von ihm untersuchten 20 Arten stellt er zum HABERLANDTschen Typ I: „Die Wurzelhaube entsteht aus einem eigenen Bildungsgewebe, dem Calyptrogen, das zum eigentlichen Wurzelkörper in keinerlei genetischer Beziehung steht." Nur wenige Arten gehören zum Typ VI der HABERLANDTschen Einteilung: „Die Bildungsgewebe von Haube und Körper sind zu einem einheitlichen Transversalmeristem verschmolzen. Das Protoderm (Dermatogen) bleibt am Aufbau der Wurzelhaube unbeteiligt." (Siehe HABERLANDT 1924, S. 82—84.)

* *
*

Ich habe nun bei einigen Orchideen-Arten Schnittserien durch die Wurzelspitze hergestellt, um die Situation am Vegetationspunkt zu untersuchen.

Bei *Brassia verrucosa* (Tafel 3), *Laelio-Cattleya* (Tafel 2a, b) und *Dendrobium* kann man keine deutliche Abgrenzung der einzelnen Histogene erkennen. Sie gehören somit zum GUTTENBERGschen Liliaceentypus (offenen Typus). In vorliegenden Abbildungen sieht man deutlich, daß sich in der Mitte eine Gruppe von Initialzellen befindet, aus denen die Histogene hervorgehen. Eine dieser Initialzellen befindet sich, wie Fig. 7 zeigt, gerade in Teilung.

Auch *Oncidium sphacelatum*, das ENGARD — und auch DE BARY (1877) — neben anderen Arten als Beispiel für den HABERLANDTschen Typ I angaben, mußte nach meinen Untersuchungen zum GUTTENBERGschen Liliaceen-Typus gerechnet werden, da die einzelnen Histogene keine eigenen getrennten Initialzellen besitzen. Zur Klärung dieser Differenzen wäre es möglich anzunehmen, daß verschiedene Entwicklungsstadien der Luftwurzeln vorliegen, während derer der Vegetationspunkt jeweils ein anderes Bild bieten könnte. *Coelogyne fimbriata*, von der ich drei Schnittserien herstellte, scheint eher, um auch die Einteilung ENGARDS zu verwenden, dem HABERLANDTschen Typ I anzugehören. Bei einer Wurzel sieht man aber einen Zusammenhang zwischen Wurzelhaube und Dermatogen, bei den zwei anderen Wurzeln war er nicht zu finden.

2. Die Entwicklung der einzelnen Gewebe

Die Entwicklung der Gewebe wurde an einem Objekt genau studiert und mit Beobachtungen an anderen Arten ergänzt. Ich wählte für meine Untersuchungen *Dendrobium moschatum*, weil mir dessen Luftwurzeln in unbeschränktem Maße zur Verfügung standen.

a) Die Wurzelhaube

Die Wurzelhaube besteht aus konzentrischen Reihen von parenchymatischen, plastidenhältigen Zellen, die gelegentlich auch Stärke speichern. Sie dient dem Schutz der empfindlicheren Zellen am Vegetationspunkt und wohl auch der Assimilation.

Die jüngsten Zellen sind länglich schmal und entstehen durch perikline Teilungen des Kalyptrogens, später treten auch antikline Teilungen auf. Schließlich werden die peripheren Zellen abgestoßen und durch die vom Vegetationspunkt nachrückenden ersetzt. Vor dem Abstoßen werden die Zellen etwas zusammengedrückt, wobei die Tangentialwände sich leicht nach innen buchten und gegenüber den Radialwänden etwas gequollen erscheinen. Infolge Auflösung der Radialwände lösen sich auch die Tangentialwände vom Gewebeverband ab und bleiben außen noch in einigen Schichten längere Zeit erhalten. Die Wurzelhaube reicht bei *Dendrobium* 200 μ über dem Vegetationspunkt hinaus, seitlich schiebt sie sich bis 240 μ gegen die Wurzelbasis.

RICHTER (1901) beschreibt bei *Dendrobium speciosum* extrem verdickte Tangentialwände. Außerdem sollen die äußeren abgestoßenen Wände eine geringe Verkorkung aufweisen. Bei den

Auch *Oncidium sphacelatum*, das ENGARD — und auch DE BARY (1877) — neben anderen Arten als Beispiel für den HABERLANDTschen Typ I angaben, mußte nach meinen Untersuchungen zum GUTTENBERGschen Liliaceen-Typus gerechnet werden, da die einzelnen Histogene keine eigenen getrennten Initialzellen besitzen. Zur Klärung dieser Differenzen wäre es möglich anzunehmen, daß verschiedene Entwicklungsstadien der Luftwurzeln vorliegen, während derer der Vegetationspunkt jeweils ein anderes Bild bieten könnte. *Coelogyne fimbriata*, von der ich drei Schnittserien herstellte, scheint eher, um auch die Einteilung ENGARDS zu verwenden, dem HABERLANDTschen Typ I anzugehören. Bei einer Wurzel sieht man aber einen Zusammenhang zwischen Wurzelhaube und Dermatogen, bei den zwei anderen Wurzeln war er nicht zu finden.

2. Die Entwicklung der einzelnen Gewebe

Die Entwicklung der Gewebe wurde an einem Objekt genau studiert und mit Beobachtungen an anderen Arten ergänzt. Ich wählte für meine Untersuchungen *Dendrobium moschatum*, weil mir dessen Luftwurzeln in unbeschränktem Maße zur Verfügung standen.

a) Die Wurzelhaube

Die Wurzelhaube besteht aus konzentrischen Reihen von parenchymatischen, plastidenhältigen Zellen, die gelegentlich auch Stärke speichern. Sie dient dem Schutz der empfindlicheren Zellen am Vegetationspunkt und wohl auch der Assimilation.

Die jüngsten Zellen sind länglich schmal und entstehen durch perikline Teilungen des Kalyptrogens, später treten auch antikline Teilungen auf. Schließlich werden die peripheren Zellen abgestoßen und durch die vom Vegetationspunkt nachrückenden ersetzt. Vor dem Abstoßen werden die Zellen etwas zusammengedrückt, wobei die Tangentialwände sich leicht nach innen buchten und gegenüber den Radialwänden etwas gequollen erscheinen. Infolge Auflösung der Radialwände lösen sich auch die Tangentialwände vom Gewebeverband ab und bleiben außen noch in einigen Schichten längere Zeit erhalten. Die Wurzelhaube reicht bei *Dendrobium* 200 μ über dem Vegetationspunkt hinaus, seitlich schiebt sie sich bis 240 μ gegen die Wurzelbasis.

RICHTER (1901) beschreibt bei *Dendrobium speciosum* extrem verdickte Tangentialwände. Außerdem sollen die äußeren abgestoßenen Wände eine geringe Verkorkung aufweisen. Bei den

Erst später (etwa bei 2740 μ) bilden die Zellen, in allen Schichten ungefähr gleichzeitig, ihre Wandversteifungen aus, die zuerst Zellulosereaktion geben. Sie färben sich mit Chlorzinkjod violett an. Auch die Verholzung der Leisten setzt in allen Lagen gleichzeitig ein. Nur bei *Oncidium sphacelatum* konnte ich beobachten, daß die äußerste Schicht als erste zu verholzen beginnt und die anderen in der Reihenfolge von außen nach innen folgen. Die Intensität der Verholzung ist jedoch in den innersten Lagen am stärksten und nimmt nach außen zu ab. Dies gilt für alle untersuchten Arten.

Die Primärfluoreszenz der Wände erscheint matt gelb, in der äußersten Schicht grünblau. Die angewendete PhS-Reaktion fällt positiv aus, die dabei auftretende Färbung verblaßt jedoch sofort und geht in eine Gelbfärbung über. Eine Fluorochromierung mit Acridinorange ruft in der innersten Schicht eine gelbgrüne Sekundärfluoreszenz hervor, die äußerste Lage leuchtet rot und dazwischen ist ein Übergang von Gelb nach Orange in der Reihenfolge von innen nach außen zu verzeichnen (mit den anderen basischen Farbstoffen ergibt sich ebenfalls ein Übergang von negativ metachromatischer Färbungzu reinen Elektroadsorptivfärbung der äußersten Zellwände).

Im Laufe der Entwicklung wird die Verholzung etwas stärker: Die Zellen besitzen eine strahlendere Primärfluoreszenz, ohne den Farbton zu ändern, die PhS-Reaktion wird intensiver, die Fluorochromierung mit Acridinorange bleibt gleich.

Laelio-Cattleya verhält sich etwas anders: Die Velamenwände geben langanhaltende PhS-Reaktion, die nur in der äußersten Schicht schwächer ist; auch in der Primärfluoreszenz leuchten die Zellwände hell blaugrau.

c) Die Exodermis

Infolge perikliner Teilungen der äußersten Periblemreihe entsteht als Bestandteil der primären Rinde die Exodermis. In großer Nähe des Bildungszentrums weisen ihre Zellen, ebenso wie die der übrigen Rinde, schon eine große Zentralvakuole auf. Am basalen Ende wird dann in schon vakuolisiertem Zustand durch inäquale Zellteilung je eine Kurzzelle abgeschnürt (vgl. BÜNNING 1948). Bei *Dendrobium moschatum* geschieht dies in einer Entfernung von 135 μ vom Vegetationspunkt. Die Kurzzellen haben im ganz jungen Stadium 2 Vakuolen, die durch eine Plasmabrücke in der Mitte getrennt werden. In der Brücke befindet sich der Kern. Erst mit beginnender Streckung der Zellen bildet sich ein einheitliches Vakuom. Fig. 8 zeigt eine inäquale Zellteilung bei

Brassia verrucosa. Unmittelbar nach der Kurzzellenbildung sieht man, daß die Kerne der Langzellen der neugebildeten Wand noch einige Zeit anliegen (Fig. 9).

Mit Entstehung der Kurzzellen wird auch im Velamen im Längsschnitt die spätere uhrglasförmige Zelle sichtbar. Das Streckenwachstum beginnt bei 300 μ, also früher als im Velamen und im Rindenparenchym, es hört aber ungefähr gleichzeitig mit den genannten Geweben auf (in ca. 1600 μ Entfernung vom Vegetationspunkt).

Etwa in gleicher Entfernung wie die Velamenzellen beginnen auch die Langzellen der Exodermis eine Wandverdickung auszubilden. Zunächst lagert sich eine dünne Suberinlamelle der Primärwand an, schließlich werden noch tertiäre Schichten gebildet und die Wände verholzen. Die Untersuchung eines Querschnittes in 1 cm Entfernung vom Vegetationspunkt ergibt eine gelbe Eigenfluoreszenz der Tangential- und eine blaue der Radialwände. Die inneren Tangentialwände fluoreszieren nicht und geben auch keine PhS-Reaktion, während bei den äußeren eine rote Färbung auftritt, die sehr schnell nach Schwarz umschlägt. In 2 cm Abstand von der Spitze ist auch die innere Tangentialwand schwach verholzt. Es erfolgt dann keine wesentliche Verdickung der Zellwände im Laufe der Entwicklung mehr.

Die Langzellen scheinen ähnlich den Velamenzellen unmittelbar nach ihrer Verholzung abzusterben.

d) Das Rindenparenchym

Von außen durch die Exodermis, von innen durch die Endodermis begrenzt, breitet sich das mehr oder minder mächtige Rindenparenchym aus. Es entsteht aus dem Periblem, dessen Zellen sich zunächst periklin aufspalten. Dabei wird die endgültige Anzahl der Rindenschichten sehr schnell gebildet, so schnell, daß es nicht möglich ist, eine genaue Abfolge der Teilungen zu erkennen. Nach dieser Entwicklung treten nur mehr antikline Teilungen auf: In den Mutterzellen finden mehrere bis viele Teilungen hintereinander statt, so daß ganze Zellreihen entstehen, die aber die ursprüngliche Gestalt der Ausgangszelle noch erkennen lassen.

Wenn man *Dendrobium moschatum* betrachtet, so sieht man, daß in den äußeren Schichten an der Stelle des Meristembogens die Teilungen häufiger sind. Die äußere Zellschicht durchläuft ihr Größenwachstum wesentlich langsamer als die übrigen Schichten, ihre Zellen bleiben an Größe immer hinter den anderen zurück. Hier bei *Dendrobium* setzt das Streckungswachstum der Zellen bei 500 μ unterhalb der Initialzellen ein, also ein wenig früher als beim

Velamen und bei der Exodermis. Dabei ist klar, daß der proximale Teil dieser eben beschriebenen Zellreihen früher damit beginnt als der apicale.

Die ersten Raphiden (in der 2. und 3. Schicht von außen) treten bei 120 μ Entfernung vom Vegetationspunkt auf. In diesem frühen Stadium sind die Bündel noch sehr klein. Im weiteren machen die Raphidenzellen ein extremes Streckenwachstum durch und unterscheiden sich so auch durch ihre Form vom umgebenden Rindengewebe. Gleichzeitig werden die Raphidennadeln immer länger. Dann bilden die Zellen eine sekundäre Wand aus, verholzen und sterben schließlich ab. Eine schwache Blaufluoreszenz der Membranen dieser Raphidenzellen beginnt zwischen 10—15 mm Wurzellänge. PhS ruft hier noch keine Reaktion hervor.

Bei 3 cm Entfernung konnte ich, allerdings nur in der äußersten Rindenschicht, wenige Parenchymzellen sehen, die sich durch eine blaugraue schwache Fluoreszenz bemerkbar machten, mit PhS aber keine Färbung ergaben. Bald finden sich auch in den anderen Schichten vereinzelt solche Zellen; sie zeigten mit PhS bereits Rotfärbung. In der Folge wurden diese Zellen immer häufiger, ja schließlich war fast jede zweite Zelle von einer verholzten Membran umgeben. Es fiel dabei auf, daß jede verholzte Zelle (von einigen Ausnahmen abgesehen) nur von unverholzten umgeben war; so bildet sich hier in der Rinde eine Art „Muster" aus. Ein Großteil der von mir untersuchten Species ist mit dieser Art von Rindenzellen ausgestattet.

Bei *Laelio-Cattleya* findet man eine andere Form der Zellwandversteifungen; und zwar zeigt sich an vielen Zellen der inneren Rindenschichten ein sie umgebendes, breites, verholzendes Band. Besonders die Anschnitte dieser Leisten geben starke PhS-Reaktion und leuchten in der Fluoreszenz intensiv gelb. Sie sind auf die Radial- und Querwände beschränkt. Ich beobachtete ihr erstes Auftreten in einer Entfernung von etwa 25 mm vom Vegetationspunkt. Sie verlaufen aber nicht kontinuierlich gegen das basale Wurzelende hin, es können vielmehr zwischendurch Zonen von unversteiften Rindenzellen auftreten; so waren bei einem Querschnitt an derselben Wurzel in 48 mm Spitzenentfernung diese Bände ganz verschwunden, bei 53 mm waren sie wieder zu sehen. Die oben erwähnten verholzten Zellen sind aber unabhängig davon in der Rinde vorhanden.

Auch *Oncidium sphacelatum* versteift, wie schon erwähnt seine Rindenzellen in Form von breiten Spiralen oder netzartig. Ich fand sie zuerst am basalen Ende eines Längsschnittes zwischen 8 und 16 mm von der Wurzelspitze.

e) Die Endodermis

Die Zellen der Endodermis gehen wie die der Exodermis durch perikline Teilungen aus dem Periblem hervor, und zwar als innerste Schicht. Sie unterscheiden sich von den Parenchymzellen schon sehr früh durch ihre rechteckige Form, obgleich sie mit ihnen die frühzeitige Vakuolisierung gemeinsam haben.

Bei *Dendrobium moschatum* setzt ihr Streckungswachstum bei 600 μ Entfernung vom Vegetationspunkt ein. Nach vollendetem Größenwachstum bildet sich der Casparysche Streifen aus, der im UV-Licht eine blaue Primärfluoreszenz besitzt und auf Phloroglucin-Salzsäure mit einer Rotfärbung reagiert. Etwas später beginnen sich die Zellen zu verstärken und zu verholzen. Exakt über den Phloemteilen verholzt je eine Zelle ihre Radialwände; dadurch wird der Casparysche Streifen in diesen Zellen unsichtbar. Es folgt die Verholzung der äußeren Tangentialwand und zuletzt die der inneren. Der Prozeß vollzieht sich zuvörderst nur an einer Zelle, im Laufe der Entwicklung aber setzt er sich zu beiden Seiten dieser Zelle bis fast zu den Xylemstrahlen fort, über welchen 1—2 Durchlaßzellen unverholzt bleiben. — Ein Querschnitt in 1 cm Entfernung von der Spitze zeigt gerade den Beginn der Verholzung: Bei 1 bis 2 Zellen hat sich die noch dünne Wand verholzt, in den Radialwänden ist der Ligningehalt größer. In 2 cm Entfernung ist die Endodermis mit Ausnahme der Durchlaßzellen schon stärker verholzt. Die Zelle über dem Phloem, die mit der Verholzung begann, ist weitaus am stärksten davon betroffen.

In der Regel bleibt auch an älteren Wurzelstücken je eine Zelle über dem Xylem unverholzt. Bei einer einzigen Schnittserie konnte ich jedoch beobachten, daß bei einem 10strahligen Gefäßbündel nur mehr 4 Durchlaßzellen vorhanden waren, je einen Viertelkreis voneinander entfernt.

f) Der Zentralzylinder

Es war mir im Rahmen dieser Arbeit nicht möglich, genau auf die Entwicklung der einzelnen Elemente im Zentralzylinder bei Orchideenluftwurzeln einzugehen. Es sollen hier nur gröbere Entwicklungsmerkmale besprochen werden. Als Beispiel dient wieder *Dendrobium moschatum.*

Der Zentralzylinder setzt sich aus dem Perizykel, der zugleich die Begrenzung gegen die Endodermis bildet und dessen Zellen meristematisch sind, und dem radiären Gefäßbündel zusammen. Im Inneren des Gefäßbündels ist meist ein gut entwickeltes Mark ausgebildet.

Der Perizykel unterscheidet sich schon in frühester Jugend durch dichteres Plasma und kleinere Zellen von der Endodermis. Das Streckungswachstum seiner Zellen setzt zu einem späteren Zeitpunkt ein, die Zellänge bleibt geringer.

An Querschnittserien läßt sich eine Verholzung des Perizykels erst bei 2 cm feststellen. Die Zellen sind aber wesentlich mehr verstärkt als die der Endodermis, ja sie sind neben dem Verbindungsgewebe im Zentralzylinder die Zellen mit der stärksten Wandverdickung in der ganzen Wurzel. In 1 cm Entfernung sind lediglich die Protoxylemgefäße verholzt. Als nächstes verholzen die Parenchymzellen rings um das Phloem, zuerst seitlich, dann innen, zuletzt außen. Erst mit den äußeren Parenchymzellen verholzt der Perizykel. Gleichzeitig geht die Verholzung der Xylemelemente in zentripetaler Richtung vor sich. Die großen Metaxylemelemente weisen erst in 2 cm Spitzenabstand die erste Verholzung auf.

Die Anzahl der Xylem- und Phloemstrahlen variiert mit der Dicke der Luftwurzel, ja innerhalb ein und derselben Wurzel. Während ich bei einigen Arten durch die ganze Wurzel hindurch keine Änderung in der Anzahl der Xylemstrahlen feststellen konnte, waren bei *Dendrobium* in der Regel am distalen Wurzelende weniger Hadrom- und Leptomstrahlen zu sehen als am proximalen. So war bei einer Schnittserie in 3 cm Abstand vom Vegetationspunkt das Gefäßbündel elfstrahlig, bei 3,5 cm zwölf- und bei 4 cm vierzehnstrahlig. Den Übergang vom zwölf- zum vierzehnstrahligen Bündel möchte ich nun an Hand einiger Bilder darstellen: Fig. 10 zeigt zwei benachbarte Leptomstrahlen etwas verbreitert. In den nächsten zwei Bildern wird das Phloem von außen und innen her mit verholzten Zellen „durchgeschnürt". Dieser verholzte Teil verbreitert sich rasch und bildet schließlich einen neuen Xylemstrahl (Fig. 13). An solchen Stellen kommt bemerkenswerterweise auch keine Durchlaßzelle vor. Erst Schnitte in noch größerer Entfernung vom Vegetationspunkt lassen über diesem neuen Xylemstrahl wieder Durchlaßzellen erkennen. An den Bildern sieht man außerdem, daß der innerste Metaxylemstrang vorher schon angelegt sein muß. Er ist im Stadium des verbreiterten Phloems bereits vorhanden.

Bei den untersuchten Arten konnten zwei verschiedene Markverholzungsvorgänge beobachtet werden: Bei *Dendrobium* verholzt das Mark von außen nach innen. Es kommt aber in den seltensten Fällen zu einer totalen Verholzung, meist bleiben 4 bis 5 große Zellen in der Mitte ausgespart. Interessant war, daß das Mark im Abstand von 5 cm von der Spitze ganz verholzt war, bei Schnitten im Abstand von 6—7 cm aber wieder nicht. Ein

Querschnitt in 17 cm Spitzenentfernung derselben Wurzel zeigte die innersten Markzellen noch immer unverholzt.

Bei *Laelio-Cattleya* und bei *Brassavola flagellaris* bildet sich im Mark zunächst ein Ring verholzter Zellen, der nach außen und innen von unverholzten Zellen begrenzt wird. Hierauf verholzen die Zellen zwischen dem Ring und dem leitenden Gewebe, man sieht sie zuerst schwächer verholzt; dann folgt die Verholzung vom Ring nach innen zu. Es können sich aber vorher kleine Nester von verholzten Zellen im Inneren gebildet haben.

Die Verholzung des Zentralzylinders ist nicht immer regelmäßig. Es kann vorkommen, daß bei einem Querschnitt die eine Hälfte des Zentralzylinders an den Stellen, an denen der Perizykel sich zur Bildung einer neuen Seitenwurzel anschickt, keine Verholzung aufweist. Wenige hundert μ entfernt liefert der Zentralzylinder in bezug auf Verholzung wieder das gewohnte Bild.

Das Holz des Zentralzylinders und der Exodermis färbt sich mit PhS eher violettrot an. UV-Licht induziert eine strahlend grünblaue Eigenfluoreszenz.

V. Vitalfärbung an Luftwurzelgeweben

Infolge der vielen Zellagen, die im Bereich des Vegetationspunktes an einem vitalen Längsschnitt übereinander vorhanden sind, war die Beobachtung von Vakuolenfärbungen am Vegetationspunkt sehr schwer; außerdem war der Farbton aus denselben Gründen selten eindeutig bestimmbar. In den wenigen Fällen, wo es gelang, konnte eine „volle" Zellsaftfärbung beobachtet werden. Entmischungen waren in den kleinen Vakuolen nicht aufgetreten. Die Primärfluoreszenz des Zellsaftes war am Vegetationspunkt regelmäßig blau. Mit Ausnahme weniger Initialzellen sind die jüngsten Zellen schon mit kleinen runden Vakuolen ausgestattet, die sich rapid vergrößern und optisch sehr bald den ganzen Zellraum ausfüllen. Überhaupt geht die Entwicklung und Differenzierung der Zellen äußerst rasch vor sich. Bei lebenden Längsschnitten (von meist 80 μ Dicke) kann man nur die bereits differenzierten Zellen mit den großen Vakuolen gut beobachten. Versuche an Querschnitten bewährten sich nicht.

Es sei nun eine allgemeine Übersicht über das Färbeverhalten einzelner Gewebetypen gegeben. Die Wurzelhaubenzellen besitzen immer volle Zellsäfte, die sich jedoch am Vegetationspunkt mit basischen Vitalfarbstoffen nicht entmischen. Erst etwas ältere Zellen zeigen oft Entmischungskugeln, was auf einen größeren Speicherstoffgehalt gegenüber den ganz jungen Zellen oder doch auf einen neuen, anders gearteten Speicherstoff schließen läßt. In den äußersten Zellreihen dürfte der Gehalt an Inhaltsstoffen etwas zurückgehen (Neutralrot färbt diese Zellen bräunlich, bei Acridinorangefärbung verschwindet die grüne Diffusfluoreszenz des Zellsaftes).

Das Velamen ist das einzige Gewebe, in dem sich eine Entwicklungstendenz bei allen untersuchten Arten abzeichnet. Am Vegetationspunkt sind immer volle Zellsäfte vorhanden, bei den meisten Objekten treten sehr bald Entmischungskugeln auf. Mit beginnender Verholzung der Zellwandversteifungen wird der Gehalt an Speicherstoffen in den Velamenzellen geringer, vor dem Absterben besitzen die Zellen in der Regel einen speicherstofffreien bzw. speicherstoffarmen Zellsaft.

Bei Untersuchungen der Exodermis erhielt ich so verschiedenartige Färbeergebnisse, daß eine Aussage in entwicklungsphysiologischer Hinsicht schwierig ist. Bei allen Versuchen (mit Ausnahme von *Vanilla*) ließen sich die Langzellen etwa so weit wie die Velamenzellen vital färben. An älteren Schnitten war dies nur mehr bei den Kurzzellen der Fall.

Auffällig scheint mir nach den Vitalfärbeversuchen vor allem jener Teil der Orchideenwurzelexodermis zu sein, den ich als „leere Zone" bezeichnen möchte. Viele übereinstimmende Beobachtungen zeigen, daß auf eine speicherstoffreiche Spitzenregion ein sehr speicherstoffarmes Teilstück folgt, an das sich wieder volle Zellsäfte anschließen. Zwar tritt diese leere Zone nicht ausnahmslos auf, aber doch in solcher Häufigkeit, daß ihre Existenz im natürlichen Ablauf des Zellstoffwechsels begründet erscheint. Es wäre zu erwägen, ob nicht (nach der Terminologie REZNIKS) nach einer stark chymotropen Exkretion in den jüngsten Wurzelzellen im Stadium der Differenzierung, einerseits die Exkretion membranotrop wird, zum anderen sogar die Speicherstoffe der Vakuolen herangezogen werden müssen, um die Zellen ihre endgültige Gestalt finden zu lassen (a. e. Verkorkung, Verholzung, Ausbildung des Velamens etc.; siehe REZNIK 1959, KRINZINGER 1964).

Die Zellen des Rindenparenchyms sind bei einem Großteil der untersuchten Arten (*Laelio-Cattleya, Oncidium sphacelatum, Dendrobium moschatum, Eria javanica, Vanilla planifolia*) speicherstoffarm, mit den verwendeten Farbstoffen reagieren sie positiv metachromatisch. Die äußersten zwei Schichten, manchmal auch die innerste, waren dabei sehr oft mit Entmischungskugeln ausgestattet, die auf eine Anreicherung von Speicherstoffen in den äußersten Zellreihen und in der innersten Schicht schließen lassen. Bei *Oncidium sphacelatum* und bei *Dendrobium moschatum* fluoreszierten die äußersten Schichten nach Acridinorangebehandlung grün, während die inneren Zellreihen im UV-Licht rot leuchteten. Dies deutet bei den genannten Objekten auf eine stärkere Anreicherung von Inhaltsstoffen hin.

Brassavola flagellaris, deren Rindenzellen mit Anthokyan erfüllt sind, erwies sich als speicherstofführend, aber nicht in dem überaus reichen Maße, wie dies bei *Brassia verrucosa* der Fall ist. Die Zellen von *Vanilla planifolia* hingegen sind extrem speicherstoffarm.

Da alle Zellen am Vegetationspunkt Speicherstoffe enthalten, müssen die Arten mit speicherstoffarmen Rindenzellen eine Änderung ihres Zellsaftcharakters mitgemacht haben. Diese muß schon in einem sehr jungen Stadium vor sich gegangen sein, denn soweit die Zellen an einem Längsschnitt durch die Wurzelspitze beobachtet werden konnten (eine kontinuierliche Betrachtung bis zu den Initialzellen war aus schon genannten Gründen nicht möglich), wiesen sie die Färbung auf, die ihnen auch in der erwachsenen Wurzel zukommt.

Ein solcher Übergang konnte nur bei *Vanilla planifolia* dargestellt werden, weil bei diesem Objekt die Differenzierung der einzelnen Gewebe etwas langsamer als bei den anderen untersuchten Arten vor sich geht.

Die Endodermis ist in der Regel mit Inhaltsstoffen ausgestattet, bei *Oncidium* und *Dendrobium* in etwas geringerem Maße.

Färbeversuche am Perizykel ergeben sogar in den Schnitten widersprechende Ergebnisse, so ist es schwierig, hier eine Gesetzmäßigkeit zu finden. Nur an denjenigen Stellen, an denen der Perizykel zur Bildung einer neuen Seitenwurzel anschickte, war eine Anreicherung von Speicherstoffen zu beobachten.

In der Folge seien nun kurze Beschreibungen der Vitalfärbeversuche an einzelnen Arten gegeben:

Dendrobium moschatum

Wurzelhaube: Die Wurzelhaubenzellen besitzen, bei Betrachtung der Primärfluoreszenz, hellblau leuchtende Zellsäfte. Mit den angewendeten basischen Farbstoffen erzielte ich ein ziemlich einheitliches Ergebnis: Mit Neutralrot himbeerroter Farbton, oft mit Entmischungskugeln; die Wände der äußeren Schichten zeigen elektroadsorptive Färbung. Mit Acridinorange grün fluoreszierende Zellsäfte, einmal gelbgrün (grün kann sich bei noch reicherer Farbzufuhr zu gelbgrün, grün und schließlich zu fleischrot steigern). Einmal (am 4. 10.) fleischrote Zellsäfte mit roten Entmischungskugeln. Es ist bemerkenswert, daß bei einem Versuch am 13. 11. die äußersten Zellschichten wiederum leere Zellsäfte zeigten. Die Zellwände der abgestorbenen Zellen leuchten mit Acridinorange elektroadsorptiv.

Bei Toluidinblaubehandlung kommt hauptsächlich grünblaue und orthochromatisch blaue Zellsaftfärbung vor, die Zellwände sind in der ganzen Wurzelhaube violett, bei den abgestorbenen Zellen von besonderer Farbintensität und Leuchtkraft.

Velamen: Auch hier im Velamen konnte ich eine hellblaue Eigenfluoreszenz der Zellsäfte vom Vegetationspunkt an feststellen, die mit Älterwerden der Zellen an Intensität verliert und schließlich ganz aufhört; zweimal wurde beobachtet, daß sie in der äußersten Schicht etwas länger anhält.

Bei den jüngeren Zellen sind mit basischen Farbstoffen volle Zellsäfte festzustellen, teilweise mit Entmischungen (kugelförmig). Sehr interessant war die Tatsache, daß die Zellen vor der Verholzung, wie es scheint, an farbbindenden Speicherstoffen verlieren. Mit Neutralrot färben sich die Zellsäfte der jüngeren Zellen (vom Vegetationspunkt) himbeerrot, manchmal mit dunkelroten Entmischungskugeln. Dann findet ein Übergang zu Erdbeerrot statt, wobei mir einige Male auffiel, daß die äußerste Schicht damit früher beginnt als die übrigen. Nur einmal konnte beobachtet werden, daß die mittleren Velamenschichten zuerst in den positiv metachromatischen Farbton übergehen, während die äußerste und innerste Zellschichte länger speicherstoffreich blieben. Es können auch in den erdbeerrot gefärbten Zellsäften Entmischungskugeln auftreten.

Die Velamenzellen sterben nach Verholzungsbeginn der Zellwandversteifungen ab. Die letzten Zellen, deren Vakuolen noch färbbar sind, neigen zu starker Vakuolenkontraktion. In solchen Zellen erscheinen auch freigelegte Tonoplasten in Einzahl oder Mehrzahl.

Acridinorange fluorochromiert die Zellen, die dem Vegetationspunkt nahe gelegen sind, leuchtend grün, rote Entmischungskugeln fallen aus; im Laufe der Entwicklung schließt sich eine Zone an, in der grüne (auch gelbliche) und rote Zellen miteinander abwechseln; endlich fluoreszieren die Vakuolen bis zum Absterben einheitlich rot. Nur ein einziges Mal sah ich über den roten, leer gewordenen Zellen noch einige Lagen von Zellen, die wieder grüne Fluoreszenz zeigten.

Mit Toluidinblau färben sich die jüngeren Zellen grünblau, dann erfolgt ein Übergang nach Violett (mit Vakuolenkontraktion). Es war häufig zu sehen, daß sich der Übergang von Grünblau zu Violett von den äußeren Zellschichten nach innen zu vollzieht. Dabei bleiben manchmal die innersten Zellschichten, die auch als erste mit der Verholzung beginnen, grünblau.

Die verholzten Zellwandversteifungen lassen sich mit den basischen Farbstoffen in der innersten Schichte im negativ metachromatischen Farbton anfärben; die äußersten Zellwände hingegen färben sich rein elektroadsorptiv, also positiv metachromatisch. Dazwischen gibt es einen kontinuierlichen Übergang. Parallel dazu zeigt eine Behandlung mit Acridinorange, daß die Versteifungen der innersten Velamenschicht grün, die der äußersten Reihe rot fluoreszieren. Dazwischen sieht man von innen nach außen: gelbgrün — gelb — orange.

Exodermis: Primär fluoreszieren die Zellsäfte der Langzellen vom Vegetationspunkt an hellblau, mit zunehmendem Alter der Zellen nimmt die Blaufluoreszenz ab, bis sie schließlich ganz aufhört, obwohl sie sich häufig länger hält als in den Velamenzellen. Einige Male sah ich auch die Kurzzellen vom Vegetationspunkt an blau leuchten, allerdings nicht in derselben Ausdehnung zur Wurzelbasis hin wie bei den Langzellen.

Mit Neutralrot sind die Zellen in der Nähe des Vegetationspunktes himbeerrot gefärbt, oft in Form einer Entmischungsfärbung. Bei einigen Schnitten waren etwas ältere Zellen erdbeerrot. Es kamen auch bei zwei Schnitten durchgehend erdbeerrot gefärbte Zellsäfte vor, die jedoch Entmischungskugeln besaßen, während an denselben Schnitten auf der anderen Seite violettrote Zellsäfte anzutreffen waren.

Die Kurzzellen waren mit Neutralrot meist schwach himbeerrot gefärbt, auch mit Entmischungskugeln; einmal vier Zellen hintereinander bräunlich gefärbt. Bei einem Schnitt zwischen 9—13 mm vom Vegetationspunkt himbeerrot gefärbte Zellsäfte mit mehreren rosa lichtbrechenden Entmischungskugeln (nach 30 Minuten).

Mit Acridinorange ergab sich nur grüne Fluoreszenz, teilweise mit roten Entmischungskugeln. Fakultativ konnte reine Entmischungsfärbung ohne Diffusfluoreszenz konstatiert werden.

Toluidinblau färbt die Kurzzellen in einem grünblauen diffusen Farbton. Leider waren, wohl durch spezifische Farbstoffschädigung, immer nur wenige Vitalbeobachtungen möglich. Nur einmal sah ich gegen den Vegetationspunkt zu violette Zellsäfte, sehr bald aber eine blaue Zelle und daran anschließend nur mehr grünblau gefärbte Zellen (gleiches hat LUHAN 1963, bei *Agropyron repens* beobachtet).

Rindenparenchym: Die zwei äußersten Schichten des Grundgewebes nehmen eine gesonderte Stellung ein. Hier treten mit Neutralrot und Acridinorange regelmäßig Entmischungskugeln auf; der Zellsaft hat meist vollen Charakter (mit Neutralrot treten auch bräunliche und ziegelrote Zellsaftfärbungen auf); auch Toluidinblau, soweit beobachtet, färbt die äußerste Schicht immer grünblau, die zweite Rindenschicht war einmal grünblau bis blau tingiert.

Die inneren Schichten haben meist leere Zellsäfte, mit Acridinorange diffus rot fluorochromiert (auch mit Entmischungskugeln), mit Neutralrot erdbeerrot diffus gefärbt mit häufiger Vakuolenkontraktion. Es können auch Mischfarben auftreten, die innerste Zellschicht hat manchmal speicherstoffführende Zellsäfte mit kleinen Entmischungskugeln. Mit Toluidinblau wurde einmal eine violett gefärbte Zelle beobachtet, sonst waren die Zellen meist tot (Toluidinblau war unerwarteterweise für die Zellen einigermaßen schädlich).

Endodermis und Perizykel: Endodermis und Perizykel haben meist volle Zellsäfte, in denen sich der Farbstoff in Form von Kugeln entmischt, besonders der Perizykel zeichnet sich durch wenige, aber große Kugeln aus. Bei den jüngeren Zellen in der Nähe des Vegetationspunktes zuerst diffus gefärbte Zellsäfte, dann kleine Entmischungskugeln, die aber sehr schnell größer werden. Bei erwachsenen Wurzeln waren immer große Entmischungskugeln vorhanden. Dennoch ist die Diffusfärbung oft positiv metachromatisch: Die Speicherstoffe entmischen sich in diesem Fall zur Gänze (bräunlich, ziegelrot mit Neutralrot, violett mit Toluidinblau, niemals rot bei Acridinorange).

Die Endodermis ist meist etwas ärmer an Speicherstoffen als der angrenzende Perizykel, es kommen manchmal Mischfarben bei Neutralrot und Toluidinblau vor (bräunlich bzw. grünblau, aber weniger grün als der Perizykel). Mit Acridinorange ergibt sich eine grüne Fluoreszenz, im Zellsaft liegen rote Entmischungskugeln, diese wurden bemerkenswerterweise auch in farblosen Zellsäften beobachtet.

Brassavola flagellaris

Wurzelhaube: Die Wurzelhaube besitzt in der Regel volle Zellsäfte. Neutralrot färbt die Zellen mit himbeerrotem Farbton und vielen Entmischungskugeln. Die periphere Zellschicht hingegen ist positiv metachromatisch, die Entmischungskugeln besitzen jedoch den gleichen Farbton wie in den vollen Zellsäften: Es scheint, daß hier die gesamte farbspeichernde Substanz sich bereits entmischt hat und diffus die typische Färbung des Ionenfallenmechanismus dominiert. Mit Acridinorange fluoreszieren die inneren Schichten diffus grün, bei den nach außen folgenden Schichten treten rote Entmischungskugeln auf, die auch in den äußersten Reihen noch vorhanden sind, während man hier keine Diffus-Fluoreszenz mehr beobachten kann. Ein anderer Versuch gibt mit Acridinorange rein diffuse grüne Zellsäfte. Toluidinblau färbte die Zellen orthochromatisch.

Velamen: In der Nähe des Vegetationspunktes sind die Zellsäfte speicherstoffreich. Mit Neutralrot sind sie himbeerrot gefärbt. Am 23. 4. mit dunkelroten Entmischungskugeln, deren Häufigkeit von den äußeren Schichten nach innen zu abnimmt. Während der Verholzung oder knapp danach geht der Farbton der Vakuolen in Erdbeerrot über. Mit Acridinorange erzielte ich ein widersprüchliches Ergebnis: Am 10. 3. war zuerst eine Grünfluoreszenz der ganz jungen Zellen zu beobachten, in denen im Laufe der Entwicklung rote Entmischungskugeln ausfallen. Die grüne Diffusfärbung verschwindet etwas später und es bleiben bis zum Absterben der Zellen die Entmischungskugeln allein übrig. Mit Toluidinblau war das Velamen einheitlich orthochromatisch blau gefärbt.

Exodermis: Kurz- und Langzellen sind in ihrer Jugend mit vollen Zellsäften ausgestattet. Einmal sah ich im Neutralrotversuch eine Lang- und eine Kurzzelle nebeneinander, beide mit himbeerroter Zellsaftfärbung, unmittelbar daran anschließend eine Lang- und eine Kurzzelle, beide mit bräunlichen Zellsäften, dann aber wieder eine himbeerrote Kurzzelle und eine braunrote Langzelle. Acridinorange fluorochromierte die Kurzzellen grün mit roten Entmischungskugeln, Toluidinblau hingegen färbte am 23. 4. sowohl die Langzellen als auch die Kurzzellen blau. In älteren Wurzelabschnitten behalten die Kurzzellen ihren vollen Charakter, allerdings fällt die Färbung mit Neutralrot sehr blaß aus, Acridinorange fluorochromiert diffus grün.

Rindenparenchym: Mit Acridinorange läßt sich die einheitlichste Färbung erzielen: Sowohl im jüngeren als auch im älteren Gewebe läßt sich eine grüne (sehr matte) Fluoreszenz der Zellsäfte feststellen, regelmäßig mit roten Entmischungskugeln. Der Diffusfarbton nach Aufenthalt in Neutralrot ist einmal erdbeerrot, einmal himbeerrot, bei einem Versuch (am 10. 3.) erschien die innerste Schicht mehr bräunlich. Ein Schnitt durch die Wurzelspitze zeigt ein gegensätzliches Ergebnis. Regelmäßig treten Entmischungskugeln auf, am häufigsten in den äußersten Schichten und in der innersten Zellreihe. Eine Färbung mit Toluidinblau an jungen Rindenzellen ist orthochromatisch blau, in den äußersten Zellagen mit kleinen Kugeln. Die Raphidenzellen waren erdbeerrot tingiert, häufig mit stark kontrahierter Vakuole.

Endodermis: Einheitlich volle Zellsäfte mit allen Farbstoffen, immer Entmischungskugeln.

Perizykel: Es sind hier Ergebnisse eines Versuchs vom 23. 4. vorhanden: An jenem Schnittende, das dem Vegetationspunkt abgewandt war, konnte ich mit Neutralrot eine erdbeerrote Zellsaftfärbung festhalten, bei Längsschnitten durch ein der Wurzelspitze folgendes Stück sind die Zellen himbeerrot diffus mit einer oder mehreren Entmischungskugeln.

Brassia verrucosa

Wurzelhaube: Mit Neutralrot und Acridinorange wurde immer ein negativ metachromatischer Farbton erzielt. Die Wände der abgestorbenen äußeren Zellen leuchteten ganz intensiv positiv metachromatisch (wie bei allen untersuchten Objekten).

Velamen: In der Nähe des Vegetationspunktes volle Zellsäfte: Mit Neutralrot himbeerrot, vor der Verholzung Übergang entweder in ein eindeutiges Erdbeerrot oder in einen Farbton, der auf Vorhandensein nur geringer Mengen von Speicherstoffen schließen läßt. Bei einem Schnitt war auf der einen Seite vor dem Absterben der Zellen ein reines Erdbeerrot zu sehen, auf der anderen Seite hingegen die gerade beschriebene Mischfärbung.

Acridinorange fluorochromiert die jüngsten Zellen diffus grün, nach einer Zone des Überganges, in der rote Zellen, grüne und grüngelbe gemischt auftreten, bleiben nur mehr die roten Zellen übrig. Am 4. 6. wurde dieser Übergang zuerst in der innersten Zellschicht, dann in der Reihenfolge von innen nach außen beobachtet. Ein anderer Versuch (am 12. 3.) ergab lediglich, daß die äußerste Zellreihe länger als die übrigen ihren vollen Charakter beibehält.

Exodermis: Am Vegetationspunkt sind sowohl Kurz- als auch Langzellen mit Neutralrot violettrot diffus gefärbt, mit Acridinorange grün, die Kurzzellen besitzen manchmal rote Entmischungskugeln. Einmal (am 4. 6.) war an einer Stelle außer der roten Entmischungskugeln eine schwach rote Diffusfärbung zu beobachten. Die Exodermis derselben Schnittserie ergab mit Toluidinblau eine extreme Grünfärbung. Bei Schnitten ab etwa 1 cm über dem Vegetationspunkt färbten sich die Langzellen nicht mehr, eine Tatsache, die ich auch bei allen übrigen untersuchten Arten, außer *Vanilla planifolia*, beobachten konnte. Die Kurzzellen zeigten hier mit Neutralrot einmal (am 12. 3. und am 4. 6.) himbeerrote Entmischungskugeln, jedoch keine Diffusfärbung, am 12. 3. an einem anderen Stück derselben Wurzel einen blaßvioletten Zellsaft und am 4. 6. violette Grundfärbung mit dunkelroten Entmischungskugeln an Schnitten aus einem älteren Wurzelstück, das keine lebende Wurzelspitze mehr besaß, von dem aber eine wachsende junge Wurzel abzweigte.

Nach Acridinorangefärbung lassen sich drei Typen der Anfärbung definieren: Entweder ist nur diffus grüne Fluoreszenz vorhanden, oder nur rote Entmischungskugeln sind zu beobachten oder es kommt im dritten Fall zu rot entmischter Grünfluoreszenz.

Toluidinblaubehandlung ergab am 12. 3. an einem Längsschnitt von 9—19 mm Entfernung von der Wurzelspitze einen grünen, diffusen Farbton des Zellsaftes, bei einem Schnitt in gleicher Höhe am 4. 6. violette Diffusfärbung mit vielen kleinen violetten Entmischungskugeln.

Rindenparenchym: Vom Vegetationspunkt an mit Neutralrot violettrot gefärbt; zweimal konnte Vakuolenkontraktion beobachtet werden, die am 16. 3. so stark auftrat, daß es zu einer Teilung der Vakuole kam (siehe Abb. 4). Bei Schnitten aus einem älteren Wurzelstück bildeten sich am 4. 6. nach einer längeren Zeitspanne große violette Entmischungskugeln.

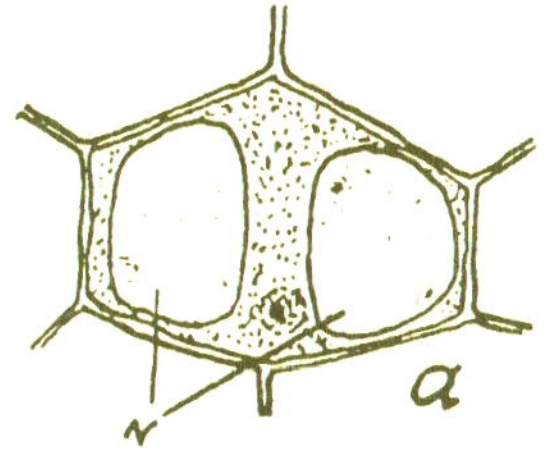

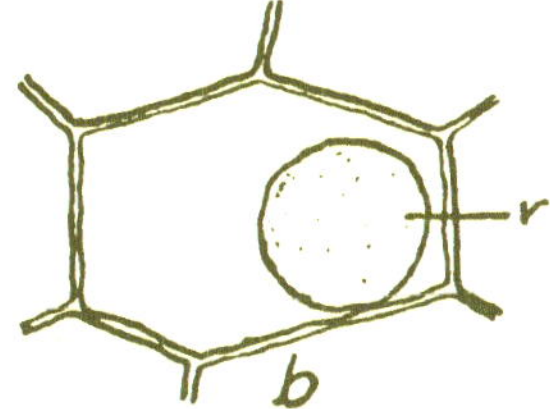

Abb. 4a und b. *Brassia verrucosa*. Zwei Zellen des Rindenparenchyms, gefärbt mit Neutralrot. (v = Vakuole.)

Acridinorange fluorochromierte die Rindenzellen grün. Ein einziges Mal (am 4. 6.) waren sie bei einem Längsschnitt in 1—2 cm Entfernung vom Vegetationspunkt diffus rot gefärbt, mit Ausnahme einer Zelle in der äußersten Schicht, die grün fluoreszierte und rote Entmischungskugeln besaß; Parallelfärbungen mit Neutralrot und Toluidinblau ergaben aber eindeutig das Vorhandensein voller Zellsäfte. Toluidinblau färbte bei allen Versuchen die Vakuolen negativ metachromatisch an. Hier stimmt also die Adsorptionsmetachromasie der Hellfeldfärbung mit der parallelen Erscheinung der Emission nicht überein. Oder aber; Acridinorange reagiert mit den vorhandenen farbspeichernden Substanzen im spezifischen Fall anders als die übrigen basischen Vitalfarbstoffe.

Endodermis: Mit allen Farbstoffen volle Zellsäfte festgestellt, am 4. 6. je eine Entmischungskugel (dunkelrot) pro Zelle.

Perizykel: An jungen Zellen (Schnitte durch die Wurzelspitze) mit Neutralrot diffus himbeerrote Zellsäfte, an etwas älteren Schnitten kamen noch Entmischungskugeln dazu. Acridinorange fluorochromiert die Zellsäfte grün, aber auch gelbliche, orange oder rötliche Zellsäfte kommen vor. Regelmäßig sind rote Entmischungskugeln vorhanden. Eine Toluidinblaufärbung an einem Schnitt in 1—2 cm Entfernung von der Spitze ließ in einer Zellschichte einmal einen orthochromatischen Farbton, daneben einen positiv metachromatischen mit winzigen violetten Entmischungskugeln in BMB erkennen. Bei den Perizykelzellen ist sehr häufig Vakuolenkontraktion zu beobachten.

Eria javanica

An Luftwurzeln dieser Art wurden nur einmal Versuche angestellt, und zwar an einer jungen 2,5 cm langen Wurzel.

Wurzelhaube: Mit allen Farbstoffen wurde eine Diffusfärbung erzielt, die die Zellsäfte als voll auswies. Bei Neutralrotfärbung kommen noch große Entmischungskugeln dazu, bei Acridinorange finden sich grüngelbliche kugelige Entmischungen, diese aber nur in den äußersten Zellschichten. Toluidinblaubehandlung erzeugt große grüne, interessanterweise auch farblose Kugeln (Versuchsfehler?, Primärentmischung?). In diesen Zellen findet man keine Diffusfärbung.

Velamen: In der Jugend besitzen die Velamenzellen volle Zellsäfte, bei Behandlung mit Neutralrot entstehen stark lichtbrechende, rosafarbene Entmischungskugeln, besonders in der 2. Schicht von innen (das Velamen besteht aus 4 Schichten, die äußerste Schicht bildet Haare aus, vgl. S. 450), doch auch in den äußeren, selten in der innersten, in der sich zuerst der Übergang zu leeren Zellsäften vollzieht. Die Wurzelhaare waren auf einer Seite himbeerrot diffus gefärbt, auf der anderen Seite ebenso, doch kamen hier viele Entmischungskugeln dazu.

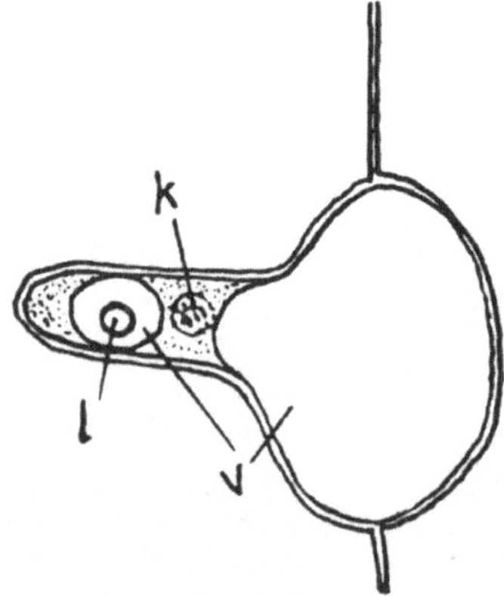

Abb. 5. *Eria javanica*. Haarzelle, gefärbt mit Neutralrot. Durch starke Plasmaquellung geteilte Vakuole. v = Vakuole, k = Kern, l = lichtbrechende Entmischungskugel.

Acridinorange zeigt keinen Übergang zu leeren Zellsäften, sondern es verlieren die Zellen wie im genannten Gradienten von innen nach außen ihre grüne Diffusfärbung, an deren Stelle rot fluoreszierende Entmischungskugeln treten. Toluidinblau zeigt wieder einen Übergang von grünblauer zu violetter Diffusfärbung, wieder sind die inneren Schichten bei der Metachromasieänderung voraus, aber die blauen Entmischungskugeln, die schon sehr früh auftreten, bleiben bis zum Absterben der Zellen erhalten. Der erste auf die Wurzelspitze folgende Längsschnitt zeigte an seinem jüngeren Ende 2 Zellen ganz schwach diffus gefärbt mit kleinen Entmischungskugeln.

Exodermis: Ein Schnitt durch die Wurzelspitze zeigt mit Neutralrot bräunlichrote Kurzzellen und erdbeerrote Langzellen, manche Zellen mit Vakuolenkontraktion. Beide Zellarten waren leider erst am älteren Schnittende zu beobachten. Acridinorange erzeugt eine Rotfluoreszenz des Zellsaftes, Toluidinblau eine violette Diffusfärbung. Bei einem Schnitt in 1—2 cm Entfernung vom Vegetationspunkt tingiert Neutralrot die Kurzzellen ganz schwach himbeerrot.

Rindenparenchym: Die jungen Zellen in der Nähe des Vegetationspunktes sind mit allen Farbstoffen positiv metachromatisch färbbar. Erst in einer Entfernung von ca. 1 cm vom Vegetationspunkt treten in den äußersten Zellreihen mit Neutralrot winzige Tröpfchen auf, während die Diffusfärbung erdbeerrot bleibt. Den positiv metachromatischen Farbton kann man durch Acridinorange-Behandlung erzielen. Außerdem finden wir wieder rote Entmischungskugeln in den äußersten Zellreihen, ab und zu auch in der innersten. Abb. 6 zeigt zwei neutralrot gefärbte Raphidenzellen.

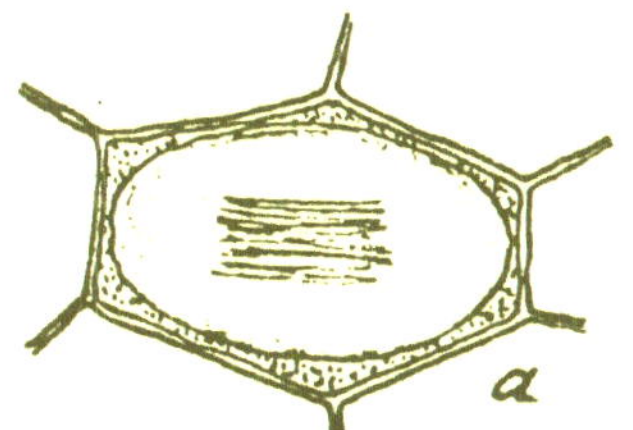

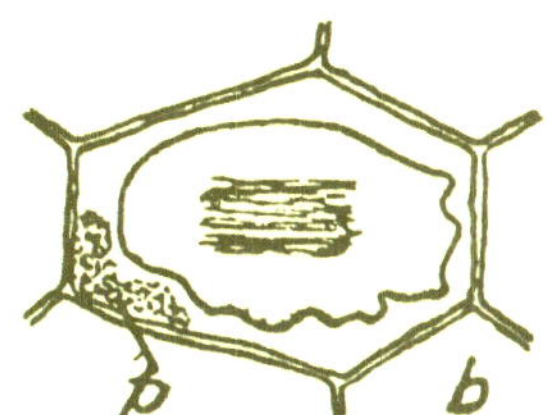

Abb. 6a und b. *Eria javanica.* Zwei Raphidenzellen in der Nähe des Vegetationspunktes, gefärbt mit Neutralrot: Vakuole erdbeerrot. a) lebende Zelle; b) stark geschädigte Zelle (p = koaguliertes Plasma).

Endodermis und Perizykel: Die Metachromasie aller verwendeten Farbstoffe ist einheitlich positiv. Neutralrot verursacht in den jungen Zellen Vakuolenkontraktion.

Laelio-Cattleya

Wurzelhaube: Mit Neutralrot volle Zellsäfte, die äußerste Zellreihe tendiert zur positiven Metachromasie. Acridinorange fluorochromiert die Zellen grün, bei den älteren Zellen kommt es überdies zu roten Entmischungen, die in den ältesten Schichten allein, ohne diffuse Grundfärbung vorhanden sind.

Velamen: In der Nähe des Vegetationspunktes ist mit Neutralrot eine himbeerrote Zellsaftfärbung zu erzielen: Schon die ganz jungen Zellen sind mit stärker lichtbrechenden, himbeerroten Entmischungskugeln ausgestattet, mit Älterwerden der Zellen verschwinden diese Entmischungen, die Zellsäfte bleiben noch ein kurzes Stück himbeerrot, bevor sie endgültig erdbeerrot, also leer werden.

Exodermis: Versuche am 3. 3. an Schnitten durch die Wurzelspitze ergaben mit Neutralrot einen erdbeerroten Farbton der Langzellen, einen bräunlichen an Kurzzellen; bei letzteren auch starke Vakuolenkontraktion. Bei etwas älteren Zellen derselben Wurzel färbten sich die Kurzzellen diffus himbeerrot, eine einzige Zelle dazwischen war erdbeerrot. Noch ältere Zellen (3—4 cm vom Vegetationspunkt) haben entweder einen himbeerroten Zellsaft mit je einer roten Entmischungskugel oder besitzen aber keine diffuse Grundfärbung; der Speicherstoff hat sich mit dem Farbstoff zu einer Kugel entmischt. Toluidinblau gibt ein völlig paralleles Resultat.

Wieder kann es auch zu differenten Färbebildern der beiden Seiten eines einzigen Schnittes kommen. Am 17. 2. ist an einem jungen Wurzelstück (0—10 mm) auf einer Seite des Schnittes mit Neutralrot eine himbeerrote Färbung der Langzellen, auf der anderen Seite hingegen an einem kurzen Stück in der Zone des Verholzungsbeginns der Velamenzellen ein bräunlicher Farbton festzustellen. Die Kurzzellen sind an diesem Schnitt himbeerrot gefärbt.

Der 1. 6. brachte ein anderes Ergebnis: Die Langzellen weisen nach Neutralrotbehandlung einen vollen Charakter auf, sie sind also himbeerrot gefärbt, ebenso die Kurzzellen, von denen allerdings am Schnittende einige mit leeren Zellsäften angetroffen wurden. Ein Schnitt an einem Wurzelstück in 1—2 cm Entfernung vom Vegetationspunkt zeigt die Kurzzellen wieder schwach himbeerrot mit kleinen Entmischungskugeln.

Rindenparenchym: Die Zellsäfte sind fast immer erdbeerrot gefärbt, regelmäßig mit Entmischungskugeln, besonders in den äußersten Schichten und in der innersten Zellreihe. Auch mit Toluidinblau bestätigt sich der leere Zellsaftcharakter. Die Raphidenzellen liegen in einer mit Neutralrot erdbeerrot gefärbten, stark kontrahierten Vakuole.

Endodermis: Die Endodermiszellen sind in einem jüngeren Stadium diffus erdbeerrot, dann aber bald in einer Mischfarbe mit kleinen blasigen Entmischungskugeln. Ein Schnitt in einer Entfernung von 3—4 cm weist eine diffuse Mischfarbe auf.

Perizykel: Jüngere Zellen: Keine Diffusfärbung, aber viele rote Entmischungskugeln, in etwas älteren Zellen herrscht ein diffus erdbeerroter Farbton vor, mit Vakuolenkontraktion und kleinen Entmischungskugeln in geringer Zahl; in 3—4 cm Entfernung vom Vegetationspunkt fand ich nur eine erdbeerrote Vakuolenfärbung mit stärkerer Plasmaquellung.

Oncidium sphacelatum

Wurzelhaube: Die drei verwendeten basischen Farbstoffe lassen einheitlich volle Zellsäfte agnoszieren. Mit Acridinorange waren am 20. 2. einzelne Zellen in den äußersten Schichten rot fluorochromiert, Toluidinblau ergab am 3. 6. keine Diffusfärbung in den jüngeren Schichten, nur Entmischungskugeln, während die Zellsäfte der äußeren Schichten eine grünblaue Färbung aufwiesen.

Velamen: Die jüngeren Zellen waren mit Neutralrot himbeerrot, also negativ metachromatisch gefärbt. Entmischungen können in Einzelfällen auftreten. Etwa gleichzeitig mit der Verholzung wandelt sich der Farbton von Himbeerrot in Erdbeerrot und bleibt so bis zum Absterben der Zellen.

Acridinorangefärbung bringt ein ähnliches Bild: Die jungen Zellen fluoreszieren grün, nach einer Übergangszone, in der sich grüngelbe Zellen mit roten abwechseln, waren bis zum Absterben nur mehr rot fluoreszierende Zellen zu sehen. Der Übergang vollzog sich einmal (am 15. 9.) knapp nach der Verholzung, einmal (am 3. 6.) parallel zum Verholzungsbeginn der Zellwandversteifungen.

Im Toluidinblaubad färbten sich die Zellen knapp nach dem Vegetationspunkt grünblau bis blau mit Entmischungskugeln, vor der Verholzung ging der Farbton in Violett über und blieb so bis zum Absterben der Zellen.

Exodermis: Eine Vitalfärbung der Langzellen konnte nur einmal (am 3. 6.) und nur mit Acridinorange beobachtet werden: Sie waren grün fluorochromiert. Für die Kurzzellen ergab sich mit den verwendeten Farbstoffen immer eine negativ metachromatische Färbung: Mit Neutralrot werden die Zellsäfte himbeerrot tingiert (auch mit Vakuolenkontraktionen), Acridinorange ergibt jedesmal eine grüne Fluoreszenz. Mit Toluidinblau war nur einmal ein befriedigendes Ergebnis zu erzielen: An einem Schnitt durch die Wurzelspitze ergab für die Kurzzellen eine grünblaue, mehr ins blaue spielende Färbung.

Rindenparenchym: Hier wurden ganz unterschiedliche Beobachtungen gemacht: Am 15. 9. wurde mit Neutralrot eine rein erdbeerrote Tingierung des Zellsaftes erzielt (bei einem Schnitt durch die Wurzelspitze), an einem Längsschnitt in 5 cm Entfernung vom Vegetationspunkt waren in den äußersten Schichten kleine Entmischungskugeln in lebhafter BMB im erdbeerrot diffus gefärbten Zellsaft zu sehen. In einer Zelle war der Speicherstoff zur Gänze entmischt. Die übrige Rinde bot nur eine diffus erdbeerrote Färbung. Versuche am 20. 2. mit Neutralrot lieferten ein ähnliches Ergebnis: Die Rinde ließ den Farbton der leeren Zellsäfte erkennen, in einer Entfernung von ca. 7—8 mm vom Vegetationspunkt traten in den äußersten Schichten Entmischungskugeln auf (eine größere und mehrere kleinere), die übrigen Schichten blieben bräunlich diffus gefärbt.

Mit Acridinorange leuchteten diese äußeren Zellreihen grün diffus mit roten Entmischungskugeln, die inneren Schichten fluoreszierten nur rot diffus. Bei einem Längsschnitt in ca. 8—16 mm Entfernung vom Vegetationspunkt (anschließend an die Schnitte durch die Spitze) hatte die Rinde dieselbe Färbung wie in einem jüngeren Abschnitt, aber noch dazu ließ die innerste Schicht eine Krümelfällung erkennen. Auch hier blieb die Grundfärbung des Zellsaftes diffus erdbeerrot. Mit Acridinorange waren wieder die äußersten Schichten grün mit roten Entmischungskugeln, die übrigen Zellreihen rot fluorochromiert, in einem etwas älteren Abschnitt der Wurzel war eine Seite des Schnittes diffus rot, die andere mit Krümelfällung, aber ohne diffuse Färbung beobachtet worden. Durch Toluidinblau wurden alle Zellen letal geschädigt.

Eine nochmalige Untersuchung des Vegetationspunktes am 3. 6. wies zu den vergangenen einige Widersprüche auf: In Neutralrot nahmen die Zellen einen erdbeerroten Ton an, Vakuolenkontraktion trat ein, nach längerer Versuchsdauer konnte ich in den Zellen winzige Entmischungskugeln in BMB sehen. Dafür erschien mit Acridinorange die ganze Rinde einheitlich grün fluorochromiert, aber Toluidinblau färbte wiederum positiv metachromatisch. Von zwei Raphidenzellen wurde eine nach Färbung mit Neutralrot erdbeerrot, mit stärkerer Vakuolenkontraktion (Vakuolenkontraktion tritt ja bekanntlich bei leeren Zellsäften auf), die andere mit eher himbeerrotem Farbton angetroffen.

Endodermis: Bis auf eine Beobachtung vom 15. 9. (positiv metachromatische Tönung) wurden immer himbeerrot gefärbte Zellsäfte mit Neutralrot erzielt, Acridinorange entmischte sich immer, die grüne Diffusfluoreszenz konnte entweder vorhanden sein (am 20. 2.) oder fehlen (am 2. 6.).

Perizykel: Am 15. 9. an einem älteren Wurzelstück (5 cm vom Vegetationspunkt) mit diffus himbeerroter Zellsaftfärbung durch Neutralrot, jedoch nur an einer Stelle, an welcher der Perizykel mehrere Schichten aufwies und wahrscheinlich zur Bildung einer neuen Seitenwurzel ansetzte. Eine Mischfarbe konnte am 20. 2. erzielt werden (Neutralrot, Schnitt durch die Wurzelspitze), dazu noch in einigen Zellen Entmischungskugeln, aber auch starke Vakuolenkontraktion.

Toluidinblau zeigte an diesen Schnitten grünblau tingierte Zellsäfte, eine Zelle dazwischen war violett mit einer grünen Entmischungskugel.

Der 2. 6. brachte ein anderes Resultat: An einem Schnitt durch die Wurzelspitze konnte folgendes festgestellt werden: Mit Neutralrot auf der einen Seite des Schnittes himbeerrot mit vielen Entmischungskugeln, hierauf bis zum Schnittende erdbeerrot. Auf der anderen Seite nur erdbeerrot, mit Entmischungskugeln. Acridinorange lieferte eine Rotfluoreszenz der Zellsäfte, einige Zellen mit Entmischungskugeln.

Vanilla planifolia

Wurzelhaube: Die verwendeten basischen Farbstoffe werden von den Zellsäften der Wurzelhaube zu negativer Metachromasie angeregt; es handelt sich also um volle Zellsäfte. Nur ein einziges Mal (Versuch vom 16. 3.) konnte positive Metachromasie festgestellt werden.

Rhizodermis: Zuerst wäre eine anatomische Besonderheit der *Vanilla*-Luftwurzeln nochmals zu erwähnen: Sie bilden nicht wie bei anderen Orchideen ein Velamen radicum aus, sondern besaßen in allen von mir untersuchten Fällen eine einschichtige lebende Epidermis. In einer Entfernung von ca. 15 mm von der Wurzelspitze werden papillöse Haare ausgebildet, die sich über eine sehr lange Zone der Wurzel erstrecken.

Der metachromatische Effekt ist nun in diesen Fällen weniger intensiv. Es läßt sich eine Tendenz zur negativen Metachromasie feststellen, aber der Speicherstoffreichtum scheint gering zu sein. Wieder in einem Ausnahmefall konnte ich an dem Vegetationspunkt abgewandten Schnittende sogar eine erdbeerrote Zellsaftfärbung beobachten. Die Epidermiszellen in der Nähe des Vegetationspunktes waren jedoch speicherstofführend. Der Übergang zwischen vollen und leeren Zellsäften war infolge einer Schädigung des Schnittes nicht festzustellen. Ob diese Beschädigung maßgebend an der Alteration der Zellsäfte beteiligt war, kann ebenfalls nicht entschieden werden. Auch im Fall einer Toluidinblaufärbung war die negative Metachromasie sehr schwach. Erst bei Färbung mit Acridinorange kam es zu einer eindeutigen Grünfluoreszenz.

Exodermis: Die Zellen der Exodermis gehören dem gleichen Zelltyp an, der eben besprochen wurde. Auch hier fluoreszierte Acridinorange grün. Die Färbungsergebnisse nach Behandlung mit Neutralrot dagegen waren nicht eindeutig. Die jüngsten Zellen zeigten zwar negative Metachromasie, doch wurden in Richtung zum distalen Ende vor allem die Kurzzellen leer und färbten sich braunrot an. Die unterschiedliche Reaktion der Kurzzellen konnte ich auch bei einer Fluorochromierung mit Acridinorange beobachten. Auf einer Seite des Schnittes fluoreszierte sie regelmäßig rot, auf der anderen Seite grün. Gegen die Gleichordnung der Metachromasieeffekte verschiedener Farbstoffe spricht das Ergebnis einer Färbung mit Toluidinblau: Jene Zellen, die sich so eindeutig mit Acridinorange zur Grünfluoreszenz färben ließen, hatten in diesem Fall einen blauvioletten, positiv metachromatischen Farbton.

Rindenparenchym: Die Zellsäfte der Rinde lassen sich in cumulo einem speicherstofffreien bzw. speicherstoffarmen Typ zuweisen. Hier waren die Reaktionen verschiedener Farbstoffe gleichartig: Rotfluoreszenz bei Acridinorange, vorherrschend eine erdbeerrote Farbe bei Behandlung mit Neutralrot. Allerdings weichen die Rindenzellen in der Umgebung des Vegetationspunktes vom Typus ab — sie führen volle Zellsäfte.

Endodermis und Perizykel boten Mischfarben, tendierend zur positiven Metachromasie.

Tabelle 1

	Wurzelhaube	Velamen apical — basal	Exodermis	Rinde apical — basal	Endodermis	Perizykel
Brassavola flagellaris	voll (EK)	voll (EK) — leer	voll (EK, „leere Zone")	speicherstoff-führend (EK)	voll (EK)	voll (EK)
Brassia verrucosa	voll	voll — leer	voll	voll	voll	voll
Dendrobium moschatum	voll (EK, äußere Schichten sp.-st.-ärmer)	voll — leer	voll (EK, leere Zone)	leer (die äußersten 2 Schichten sp.-st.-führend)	voll (EK)	voll (EK)
Eria javanica	voll	voll — leer (Übergang nicht deutlich)	voll (leere Zone)	leer (äußerste und innerste Schicht mit EK)	leer	leer
Laelio-Cattleya	voll (äußere Schichten speicherstoffärmer)	voll — leer	voll	leer (äußerste Schicht mit EK)	leer	voll — leer
Oncidium sphacelatum	voll (äußerste Schichten speicherstoffärmer)	voll (EK) — leer	voll	leer (äußerste Schichten mit EK)	voll	uneinheitl.
Vanilla planifolia	voll	voll	voll (leere Zone)	voll — leer	leer	leer

VI. Rückblick

In der vorliegenden Arbeit wurden die Wurzeln einiger Orchideenarten zunächst anatomisch untersucht und auf dieser Grundlage die entwicklungsanatomischen Beobachtungen und die Vitalfärbe-Versuche durchgeführt.

Als Ergebnis der entwicklungsanatomischen Untersuchungen am Vegetationspunkt läßt sich zunächst festhalten, daß die Arten *Brassia verrucosa*, *Dendrobium moschatum*, *Laelio-Cattleya*, *Oncidium sphacelatum* dem GUTTENBERGschen Liliaceentyp bzw. dem offenen Typus des Wurzelvegetationspunktes zuzuordnen sind, der dadurch gekennzeichnet ist, daß direkt am Vegetationsscheitel keine selbstständigen Histogeninitialen vorhanden sind. An ihrer Stelle befindet sich eine Gruppe von Initialzellen, die in axialer Richtung, gegen die Spitze zu, Zellderivate an die Wurzelhaube und gegen den Wurzelkörper hin an das Plerom abgeben. Seitlich entspringen Zellen für das Dermatogen und Periblem (vgl. Tafel 2, Fig. 3 und Fig. 4). Eine Ausnahme bildet *Coelogyne fimbriata*, bei der eine gemeinsame Initialzone für alle Histogene nicht deutlich festzustellen war.

Der erste Schritt der Gewebeentwicklung besteht in einer lebhaften Zellteilung und damit verbundenen starken Zellvermehrung. Dadurch wird in der Regel schon die endgültige Zahl der Gewebeschichten festgelegt. Bemerkenswert war, daß schon in dieser meristematischen Zone die Zellen mehr oder weniger große Vakuolen besaßen.

Was das Velamen betrifft, das bei den untersuchten Arten stets mehrschichtig war, so kann bei der Ausbildung dieser Mehrschichtigkeit eine gewisse Teilungsfolge beobachtet werden: Sie erfolgte bei *Brassia verrucosa* in zentrifugaler Richtung, besonders bei den ersten Teilungen (vgl. auch LEITGEB 1865), bei *Coelogyne fimbriata* in zentripetaler Richtung; *Dendrobium moschatum* verhielt sich unregelmäßig. In der Rinde und im Mark konnte ein bestimmter Teilungsablauf nicht verfolgt werden, da in unmittelbarer Nähe des Vegetationspunktes alle Schichten bereits ausgebildet waren.

Auf diese meristematische Zone folgt die Phase einer mehr oder minder starken Zellstreckung, verbunden mit dem Wachstum in die Breite, solange, bis die Zellen ihre endgültige Größe erreicht haben. Zuerst beginnen sich die Markzellen in axialer Richtung zu strecken, es folgen in kurzem Abstand die Langzellen der Exodermis und erst später die Zellen der Rinde und des Velamens, wie durch Messungen an *Dendrobium moschatum* ermittelt werden konnte.

Wenn das Streckungswachstum abgeschlossen ist, gehen die einzelnen Gewebe daran, ihre Zellen durch Verholzung und Verkorkung der Zellwände weiter auszugestalten. Nur für die Wurzelhaube, deren Zellen bald nach außen abgestoßen und durch neue ersetzt werden, entfällt die Notwendigkeit einer sekundären Differenzierung ihrer Zellwände. Es fällt lediglich auf, daß die Tangentialwände der äußeren Zellen etwas gequollen erscheinen; sie geben mit basischen Farbstoffen elektroadsorptive Färbung. Die von RICHTER (1901) bei *Oncidium sphacelatum* und *Dendrobium speciosum* beschriebene Verkorkung der Zellwände konnte ich bei meinen Untersuchungen nicht bestätigen.

Die erste Verholzung der jungen Wurzelteile vollzieht sich in den Protoxylemelementen und — etwas später — folgen die seitlich des Phloems liegenden Zellen nach. Gleichzeitig beginnt die Lignisierung auch in der Endodermis, und zwar zuerst in je einer Zelle über den Phloemteilen. Während nun die Verholzung im Xylem in zentripetaler Richtung vor sich geht, schließt sich um den Siebteil der Ring verholzter und sehr stark verdickter Zellen zuerst gegen das Mark, dann gegen die Exodermis hin, wobei auch im Perizykel eine deutliche Verdickung und Verholzung der Zellwände sichtbar wird. Zuletzt erfährt auch der innerste, breite Metaxylemstrang eine Lignisierung. Im erwachsenen Zustand ist der Zentralzylinder total verholzt, ausgenommen davon sind nur die Durchlaßzellen der Endodermis und des Perizykels und die Phloemteile. Auch das Mark kann gelegentlich unverholzt bleiben (vgl. NEUBAUER 1961). Kommt es jedoch zu einer Verholzung des Markes, so kann diese auf zweierlei Arten erfolgen, wie dies in Kapitel IV beschrieben ist.

Die Verholzung des Velamens und der Exodermis beginnt — um nur eine relative Angabe zu machen — noch vor derjenigen des innersten Metaxylemstranges und des Perizykels. Dabei fällt auf, daß die Primärfluoreszenz der ligninhaltigen Membranen des Velamens anders ist (matt gelb, außen blau) als die der Exodermis und des Zentralzylinders (leuchtend hell- bis grünblau).

PFOSER (1956) beschrieb ein ähnliches Verhalten bei dem ebenfalls mehrschichtigen und versteiften Velamen der Luftwurzeln von *Clivia*. Er nimmt dabei an, daß die blaufluoreszierenden Substanzen von anderen Stoffen teilweise überlagert seien, so daß eine intensive Fluoreszenz dieser Membranen verhindert wird. Bei den Orchideen kommt noch hinzu, daß die Verholzung von innen nach außen kontinuierlich abnimmt, was sich besonders bei Sekundärfluoreszenz mit Acridinorange erkennen läßt (siehe Kapitel IV).

Phloroglucin-Salzsäure färbt zwar die Membranen rot, doch verblaßt die Färbung von den äußeren Schichten nach innen zu fortschreitend, sehr rasch.

Schon ganz knapp hinter dem Vegetationspunkt entwickeln sich die ersten Raphidenzellen; sie fallen in etwas größerem Abstand von der Wurzelspitze durch ihre langgestreckte Form und durch Verholzung der Zellwände auf. Bei den meisten untersuchten Arten konnte ich weiters beobachten, daß in der ganzen Rinde zunächst einzelne, später viele Zellen verholzen. Sie können mit zunehmender Entwicklung so häufig werden, daß fast jede zweite Zelle von einer verholzten Wand umgeben ist. Sie bilden also ein annähernd regelmäßiges Muster aus. Es taucht hier die Frage auf, ob nicht jede Rindenzelle dazu befähigt wäre, Lignin in die Wände einzulagern, daß aber durch das Verholzen einer Zelle um dieselbe eine sogenannte „Hemmzone“ entsteht, die das Verholzen der benachbarten Zellen verhindert (vgl. BÜNNING 1948).

* *
*

Die Versuche mit Vitalfarbstoffen bezogen sich vor allem auf die Frage, ob zwischen den Färbebildern und dem Entwicklungszustand der Wurzeln bzw. der einzelnen Luftwurzelgewebe eine Korrelation hergestellt werden könnte. Wenn wir uns die Übersicht (siehe Tabelle) über die vitalgefärbten Gewebe, in der Details bzw. deutliche Ausnahmen der Färbung außer Acht gelassen wurden, ansehen, so fallen vor allem einige Übereinstimmungen gleicher Wurzelteile verschiedener Arten ins Auge.

Die Zellen der Wurzelhaube weisen durchwegs volle Zellsäfte auf; der Speicherstoffgehalt dieser meist jungen, undifferenzierten Zellen ist also hoch, das sei zuerst einmal festgehalten. Eine Differenzierung innerhalb der Wurzelhaube ist nicht zu konstatieren. Es sei denn, daß die peripheren Schichten, die schon sichtbar vor dem Absterben stehen, speicherstoffärmer werden. Dieser Prozeß dürfte auf eine Degeneration im äußeren Bereich der Wurzelhaube zurückgehen. Der Typ der häufig in den Wurzelhaubenzellen auftretenden Entmischungen weist auf Flavonoidgehalt des Zellsaftes hin. Interessanterweise konnte jedoch mit den gebräuchlichen Reaktionen auf Flavonoide (etwa Alkalinisierung durch NH_3, die Gelbfärbung hervorrufen soll) kein positives Ergebnis erzielt werden. Auch Gerbstoffreaktionen verliefen negativ. Aus den bisherigen Experimenten läßt sich also die Vermutung ableiten, daß die farbspeichernden Substanzen in den Orchideenwurzelgeweben nicht jenen Gerbstoffen und Flavonoiden entsprechen, die in oberirdischen Teilen solcher Orchideen bereits nachgewiesen wurden.

Ebenfalls durchgehend gleichartige und parallele Färbebilder boten die Velamina. Regelmäßig sind die jüngsten und jungen Zellsäfte im Bereich des Vegetationspunktes speicherstofführend und werden um so leerer, je weiter die Zelle von der Spitze entfernt liegt. Jene Speicherstoffe, die in den jungen Zellsäften angereichert werden, können also in den Stoffwechsel wieder einbezogen werden, wenn die Differenzierung der Zellen einsetzt (vgl. Reznik 1959, Krinzinger 1964). Die Velamenzellen, deren eigentliche und wesentliche Funktion — die Wasserspeicherung — ja erst nach ihrem Absterben einsetzt, werden durch Verholzung und mechanische Aussteifungen gegen den Druck abgeschirmt, dem die tote Zelle infolge des mangelnden Turgors sonst kein Äquivalent entgegensetzen könnte. Das Verschwinden der Speicherstoffe in den Zellsäften setzt nun gleichzeitig mit der beginnenden Verholzung ein. Das bedeutet, daß die ursprünglichen Inhaltsstoffe im Verlauf der Zellwandfestigung und der membranotropen Exkretion aufgebraucht werden.

Als Ausnahme wäre das entsprechende Gewebe bei *Vanilla planifolia* zu erwähnen; allerdings handelt es sich hier nicht um ein Velamen radicum, sondern um eine einschichtige Rhizodermis, deren Zellwände nicht verholzen und deren Vakuolen bis zum Absterben der Zellen noch farbspeichernde Substanzen führen. Wurzelhauben und Velamina sind jene Gewebeteile der untersuchten Luftwurzeln, die sich in ihrem Vitalfärbeverhalten ganz entsprachen.

Bereits in den Exodermen sind, obgleich volle Zellsäfte überwiegen, auch speicherstoffarme bzw. sogar leere Vakuolen des öfteren zu finden. Auffällig ist jedoch die Beobachtung, die bei den verschiedensten Arten sehr häufig gemacht werden kann: Zwischen den vollen Zellen der Spitzenregion und den vollen Zellsäften in den Kurzzellen der erwachsenen Wurzel ist eine Serie von Zellen eingeschaltet, deren Vakuolen positiv metachromatisch reagieren. Diese „leere Zone" liegt in jenem Gebiet, von dem an — in Richtung auf die Wurzelbasis zu — die Langzellen sich nicht mehr anfärben. Bei *Eria javanica* und *Laelio-Cattleya* ist die leere Zone sehr weit gegen die Wurzelspitze hin verschoben.

Unregelmäßige Ergebnisse lieferten auch die untersuchten Rindengewebe. Bekanntlich ist in den Orchideenluftwurzeln in anatomischer Hinsicht keine Scheidung in Außen- und Innenrinde festzustellen. Wohl aber läßt sich häufig eine physiologische Differenzierung eben mit Hilfe der Vitalfärbung nachweisen. Diesen Unterschieden in der Richtung des Radius, die noch näher besprochen werden sollen, gesellt sich eine Differenzierung in der Längsrichtung, die für alle untersuchten Arten gleich ist (mit Ausnahme von *Brassia verrucosa*): wie beim Velamen enthalten die Zellen der Spitzenregion volle Zellsäfte, die älteren werden wiederum leer. Der Gradient im Radius kann in zwei Formen auftreten: Entweder besitzen die Vakuolen der äußeren Rinde farbspeichernde Substanzen, während der innere Rindenteil schon leer ist, oder es sind die speicherstoffreicheren Zellen (wobei sich die Inhaltsstoffe bei Vitalfärbung immer entmischen) im innersten und äußersten Teil der Rinde noch vorhanden, während der Mittelteil leer ist. Ein gutes Beispiel für diesen letzten Typ stellt *Eria javanica* dar, während *Dendrobium moschatum* zur ersten Form gehört. Die erwähnte Ausnahme *Brassia verrucosa*, die sich vitalfärberisch ja ganz allgemein von den anderen Arten abhebt (nur das absterbende und verholzende Velamen enthält Vakuolen des leeren Typs), fällt auch hier aus dem Rahmen: Die Rindenzellen sind von der Spitze bis zur Basis der Wurzel durchgehend voll.

Die vitalgefärbten Endodermen bis zum Vegetationspunkt zu beobachten, ist technisch unmöglich. Sie besitzen in ihrer Längserstreckung keinen Färbungsgradienten, nur die *Laelio-Cattleya*-Endodermis ist in der Spitzenregion leer, während ihre älteren Zellen einen geringen Speicherstoffgehalt aufweisen. Im übrigen sind sowohl durchgehend leere (*Eria javanica*) wie auch durchgehend volle (etwa *Dendrobium*) möglich.

Der Vitalfärbebefund im Perizykel schließt sich den Ergebnissen an den Endodermen zur Gänze an. Der einzige Unterschied ist das häufige Auftreten von Entmischungskugeln, die in vollen Endodermiszellen nicht mit solcher Regelmäßigkeit zu beobachten waren.

Erwähnenswert scheint mir die Tatsache zu sein, daß die Färbung mit Toluidinblau auf die Gewebe der Orchideenluftwurzeln sichtlich schädigender wirkt als die mit anderen basischen Vitalfarbstoffen. Als Beispiele mögen die Färbungen bei *Oncidium* und *Dendrobium* gelten.

Häufig kommt es bei Vitalfärbungen zu einer Gesamtentmischung der vorhandenen farbspeichernden Stoffe, etwa in der Wurzelhaube von *Brassavola*, in den ältesten Zellen der Wurzelhaube von *Laelio-Cattleya*, bei *Oncidium* oder bei *Dendrobium*. In solchen Fällen färben sich die entmischten Teile des Zellsaftes stark negativ metachromatisch, während der Diffusfarbton dem Typ leerer Zellsäfte entspricht. Der eindringende Farbstoff wird also in solchen Zellen nach Absättigung der zur Farbstoffbindung befähigten Inhaltsstoffe in ionisierter Form gespeichert.

VII. Zusammenfassung

1. Die Luftwurzeln von 7 Orchideenarten wurden anatomisch untersucht.

2. An Serienschnitten durch den Vegetationspunkt konnte die Lage der Initialzellen und Histogene für die einzelnen Gewebe klargestellt werden. Es ergab sich daraus für *Brassia verrucosa, Dendrobium moschatum, Laelio-Cattleya* und *Oncidium sphacelatum* eine Zuordnung zum Liliaceentyp (= offener Typ) nach GUTTENBERG.

3. Es wurde ferner versucht, mit Hilfe der Vitalfärbung eine Beziehung zwischen dem physiologischen Zustand der Zellen und den entwicklungsanatomischen Ergebnissen herzustellen. Dabei zeigte sich u. a., daß der Gehalt an farbspeichernden Substanzen in den Vakuolen der Wurzelzellen mit steigendem Alter meist geringer wird. Ferner ergab sich für das Velamen aller untersuchten Orchideenarten eine Übereinstimmung im Vitalfärbeverhalten während der Absterbensvorgänge. Auch die Zellen der Wurzelhaube zeigten bei jeder Art gleiches Verhalten.

Herrn Prof. Dr. Karl HÖFLER, dem Vorstand des Pflanzenphysiologischen Institutes der Universität Wien möchte ich an dieser Stelle meinen ergebenen Dank für die Überlassung dieses Themas aussprechen. Ihm und Frau Prof. Dr. Maria LUHAN bin ich für Hilfe und freundliche Unterstützung während der experimentellen Arbeiten und bei der Auswertung der Versuche zu tiefem Dank verpflichtet. Mein Dank gilt weiter den Damen und Herren des Pflanzenphysiologischen Institutes. Für die Überlassung des Untersuchungsmaterials danke ich den Herren des Botanischen Gartens der Universität Wien und des Versuchsgartens des Pflanzenphysiologischen Institutes Augarten.

Literatur

DE BARY, A., 1877: Vergleichende Anatomie der Vegetationsorgane der Phanerogamen und Farne. Leipzig.

BÜNNING, E., 1948: Entwicklungs- und Bewegungsphysiologie der Pflanze. Lehrbuch der Pflanzenphysiologie, 2. und 3. Band, Berlin—Göttingen—Heidelberg.

CHATIN, A., 1856: Anatomie des plantes aériennes de l'ordre des Orchidées. I. Mémoire: Anatomie des racines. Mém. Soc. Sci. Nat. Cherbourg *4*, 5—18.

DRAWERT, H., 1956: Die Aufnahme der Farbstoffe. Vitalfärbung. Ruhlands Handb. d. Pflanzenphysiol. *II*, 252—289.

ENGARD, Ch. J., 1943: Morphological identity of the velamen and exodermis in orchids. Bot. Gaz. *105*, 457—462.

FLAHAULT, Ch., 1878: Recherches sur l'accroissement terminal de la racine chez les Phanérogames. Ann. Sci. nat. 6 sr., Bot. *6*, 1—229.

GUTTENBERG, H. v., 1940: Der primäre Bau der Angiospermenwurzel. Hdb. d. Pflanzenanatomie, hrsg. v. Linsbauer, *II*. Abt., 3. Teil, Bd. VIII.

— 1960: Grundzüge der Histogenese höherer Pflanzen. I. Hdb. d. Pflanzenanatomie, hrsg. v. Linsbauer, Abt.: Spezieller Teil. 3. Teil, Bd. VIII.

— & Mitarbeiter, 1957: Embryologische und histogenetische Untersuchungen an Monokotyledonen. Bot. Studien Heft 7.

HABERLANDT, G., 1924: Physiologische Pflanzenanatomie, VI. Aufl. Leipzig.

HANSTEIN, J., 1868: Die Scheitelzellgruppe im Vegetationspunkt der Phanerogamen. Abh. Naturw. Math. u. Med. Bonn (Festschrift Niederrh. Ges. Nat. u. Heilk. 109—134).

HARMS, H., 1957—1959: Handbuch der Farbstoffe für die Mikroskopie. I. und II., Kamp—Lintfort.

HÖFLER, K., 1947: Was lehrt die Fluoreszenzmikroskopie von der Plasmapermeabilität und Stoffspeicherung? Mikroskopie (Wien), *2*, 13—29.

— 1949: Fluorochromierungsstudien an Pflanzenzellen. Mikroskopie, 1. Sonderband „Beiträge zur Fluoreszenzmikroskopie", 46—70.

— 1953: Zur Vital- und Fluoreszenzfärbung. Vortrag, gehalten zu Hamburg. Ber. dtsch. bot. Ges. *66*, 454—468.

HÖFLER, K. und H. KINZEL, 1963: Vital- und Fluoreszenzfärbestudien an Zellen höherer Pilze. Revista de Biologia *4*, 27—50.

HÖFLER, K. und H. SCHINDLER, 1955: Volle und leere Zellsäfte bei Algen. Protoplasma *45*, 173—193.

HOLM, Th., 1915: *Vanilla planifolia*. Merck's Report *24*, 212—215.

JANCZEWSKI, E., 1885: Organisation dorsiventrale dans les Racines des Orchidees. Annales des Sciences naturelles. Botanique Serie VII, *II*. 55—81.

KAUSSMANN, B., 1963: Pflanzenanatomie. Jena.

KINZEL, H., 1958: Metachromatische Eigenschaften basischer Vitalfarbstoffe. Protoplasma *50*, 1—50.

— 1959: Über Gesetzmäßigkeiten und Anwendungsmöglichkeiten der Zellsaftvitalfärbung mit basischen Farbstoffen. Ber. dtsch. bot. Gesellsch. *72*, 253—261.

KINZEL, H. und E. BOLAY, 1961: Über die diagnostische Bedeutung der Entmischungs- und Fällungsformen bei Vitalfärbung von Pflanzenzellen. Protoplasma *54*, 177—199.

KRAFT, M. M., 1949: Etude histologique de quelques racines aériennes d'Orchideés. Bull. Soc. vaudoise de Sciences naturelles *64*, 201—212.

KRINZINGER, J.: Zellphysiologische Untersuchungen am Kallusgewebe einiger Laubhölzer. S. ber. Öst. Akad. Wiss., math.-naturwiss. Kl., Abt. I, *173*, 104—154.

KROEMER, K., 1903: Wurzelhaut, Hypodermis und Endodermis der Angiospermenwurzel. Biblioth. bot. *12*, 1—51.

KROLL, G. H., 1912: Kritische Studien über die Verwertbarkeit der Wurzelhaubentypen für die Entwicklungsgeschichte. Beih. z. Bot. Zentralb. 1. Abt. *28*, 134—158.

LEITGEB, H., 1864: Kugelförmige Zellverdickungen in der Wurzelhülle einiger Orchideen. Sitz.-Ber. Wiener Akad. *49*, 1. Abt., 275—286.

— 1865: Die Luftwurzeln der Orchideen. Denkschr. d. kais. Akad. d. Wissensch., math.-naturwiss. Classe, Bd. *24*, 179—222.

LINK, H. F., 1824: Elementa philosophiae botanicae, S. 395 (sit. nach MEINECKE 1894).

LUHAN, M., 1963: Die Epidermis von *Agropyron repens* (Beobachtungen über Bau, Entwicklung und Verhalten ihrer Zellen bei Vitalfärbung). Protoplasma *56*, 645—660.

MEINECKE, E. P., 1894: Beiträge zur Anatomie der Luftwurzeln der Orchideen. Flora *78*, 133—203.

MULAY, B. N., B. D. DESHPANDE und H. B. WILLIAMS, 1958: Study of Velamen in some Epiphytic and Terrestrial Orchids. Journ. of the Ind. Bot. Soc. *37*, 123—127.

NAPP-ZINN, K., 1961: Studien zur Anatomie einiger Luftwurzeln. Öst. Bot. Ztschr. *111*, 322—330.

NEUBAUER, H. F., 1961: Bau und Entwicklung der Luftwurzel von *Vanilla planifolia* ANDR. Beitr. z. Biol. der Pflanzen *36*, 239—253.

OUDEMANS, C. A. J. A., 1861: Über den Sitz der Oberhaut bei den Luftwurzeln der Orchideen. Abhandlungen d. math.-phys. Kl. d. Kgl. Akademie d. Wissensch. Amsterdam.

PFEFFER, W., 1886: Über Aufnahme von Anilinfarben in lebende Zellen. Unters. Bot. Inst. Tübingen *2*, 179—332.

PFOSER, K., 1956: Vergleichende Untersuchungen über Verholzungsreaktionen und Fluoreszenz. Dissertation Wien.

REZNIK, H., 1959: Über den physiologischen Zusammenhang der Lignin- und Flavenoid-Bildung. In IVth International Congress of Biochemistry 1958, Vol. II, Biochemistry of Wood, S. 70. Wien.

RICHTER, A., 1901: Physiologisch-anatomische Untersuchungen über Luftwurzeln mit besonderer Berücksichtigung der Wurzelhaube. Bibliotheca Botanica 10, H. *54*, Stuttgart.

ROMEIS, B., 1948: Mikroskopische Technik, München.

SCHADE, Ch. und H. v. GUTTENBERG, 1951: Über die Entwicklung des Wurzelvegetationspunktes der Monokotyledonen. Planta *40*, 170—198.

SCHLEIDEN, M. J., 1849: Grundzüge der wiss. Botanik. 3. Aufl. Leipzig.

SCHÜEPP, O., 1926: Meristeme. In Linsbauer: Handb. d. Pflanzenanatomie, 1. Abt., 2. Teil, IV. Berlin.

SOLEREDER, P. und F. J. MEYER, 1930: Systematische Anatomie der Monokotyledonen. Heft *6*, 92—242.

VAN TIEGHEM, Ph.: Symétrie de structure. Ann. sc. nat., Sér. 5, T. *13*, 1870/71, 146—148 (zit. bei SOLEREDER und MEYER 1930).

TREUB, M., 1871 und 1875: Le méristeme primitif de la racine dans les Monocetylédones. Musée Botanique de Leide, Vol. II.

WAGNER, H., 1939: Über die Entwicklungsmechanik der Wurzelhaube und des Wurzelrippenmeristems. Planta 30, 21—66.

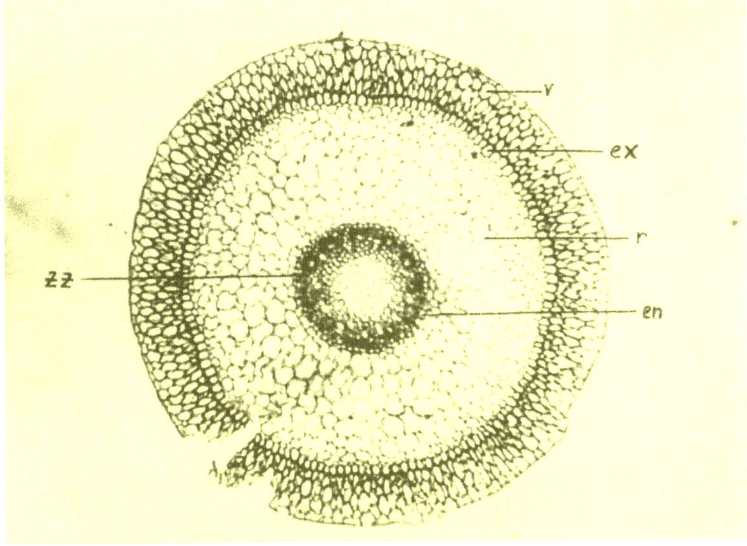

Fig. 1: *Dendrobium moschatum.* Wurzelquerschnitt in 3 cm Entfernung von der Spitze. v = Velamen, ex = Exodermis, r = Rinde, en = Endodermis, zz = Zentralzylinder.

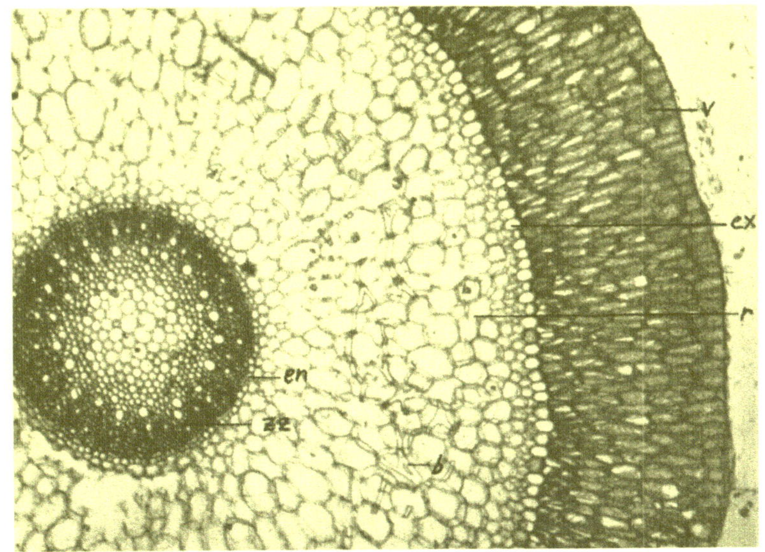

Fig. 2: *Laelio-Cattleya.* Querschnitt einer erwachsenen Wurzel; PhS-Reaktion. Abkürzungen wie bei Fig. 1, b = bandförmige Versteifungen.

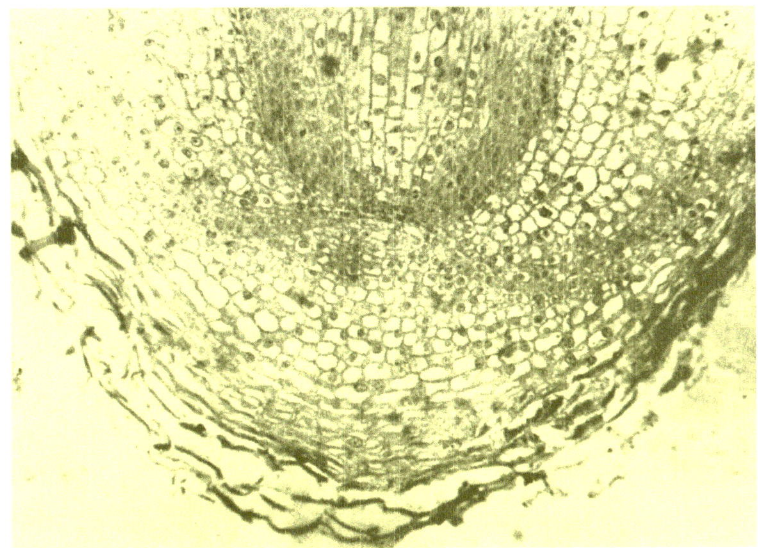

3

4

Fig. 3 und 4: *Laelio-Cattleya*. Vegetationspunkt längs. k = Kalyptra, d = Dermatogen, pb = Periblem, pl = Plerom.

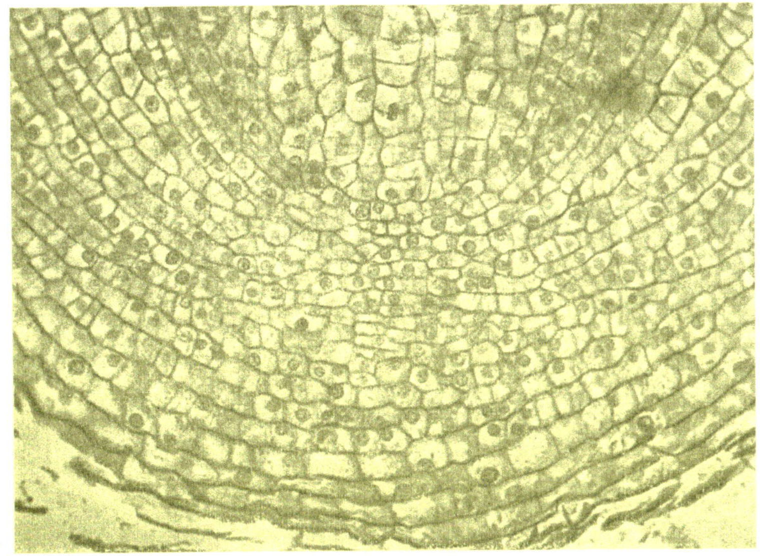

5

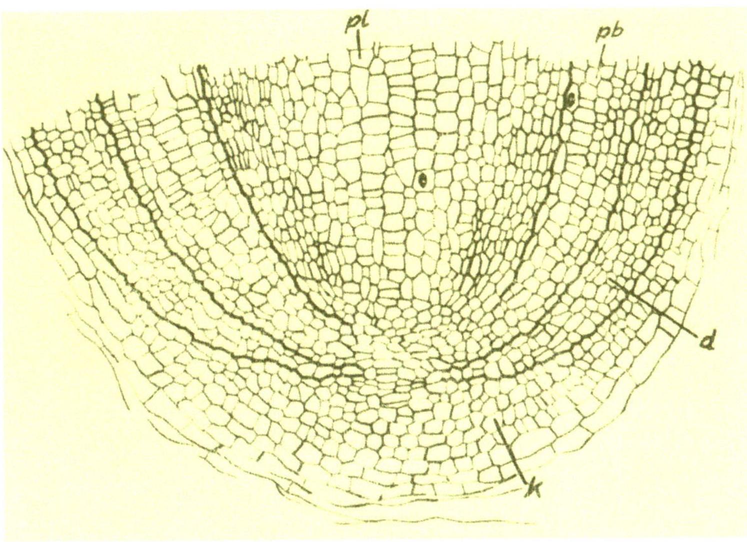

6

Fig. 5 und 6: *Brassia verrucosa*. Vegetationspunkt längs. k = Kalyptra, d = Dermatogen, pb = Periblem, pl = Plerom.

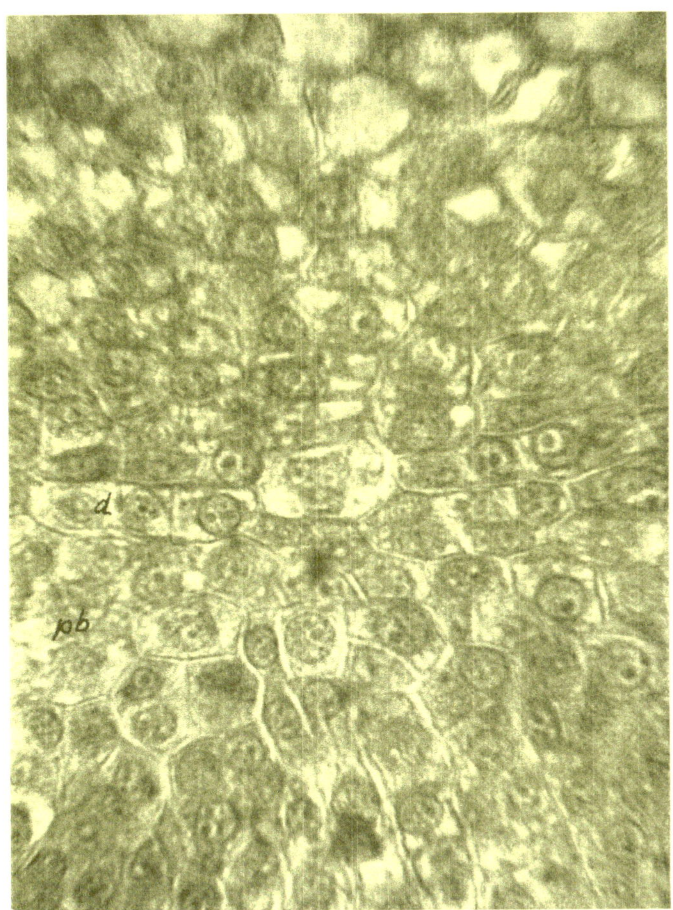

Fig. 7: *Dendrobium moschatum*. Vegetationspunkt längs. Ausschnitt. Teilung einer Zelle in der Initialregion. d = Dermatogen, pb = Periblem.

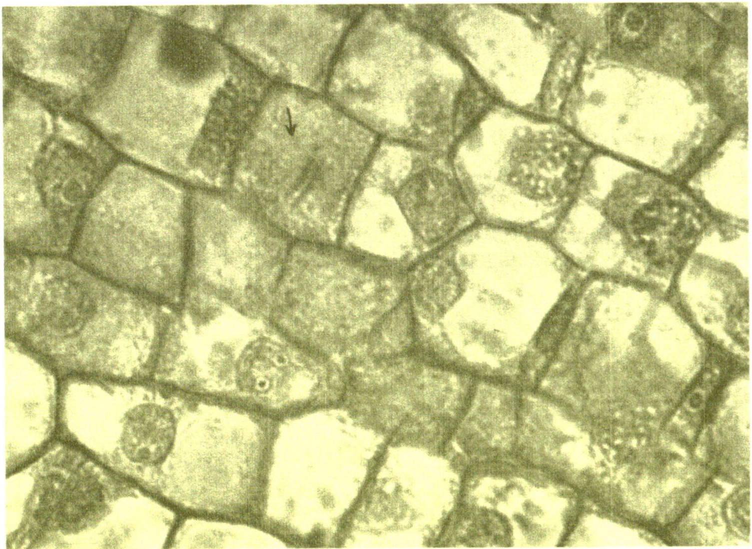

Fig. 8: *Brassia verrucosa*. Tangentialschnitt durch die junge Exodermis; inäquale Zellteilung. Daneben eine Zelle mit gerade abgeschnürter Kurzzelle.

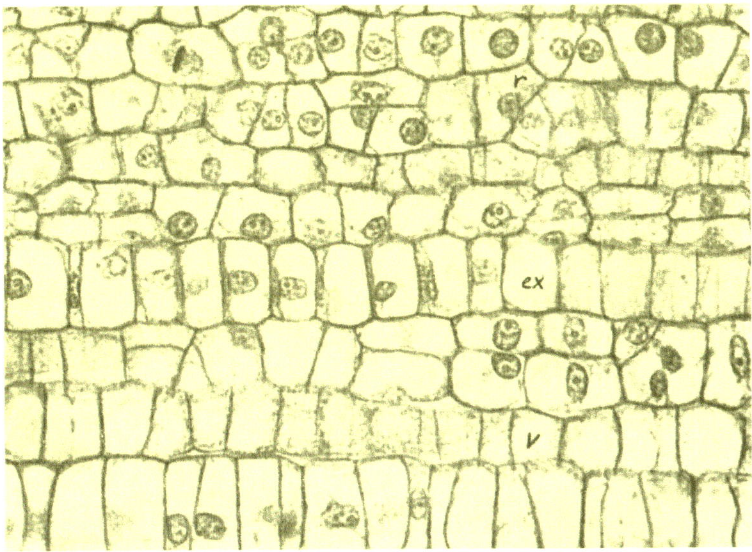

Fig. 9: *Brassia verrucosa*. Ausschnitt aus einem Längsschnitt durch die Wurzelspitze. v = Velamen, ex = Exodermis, r = Rindenparenchym.

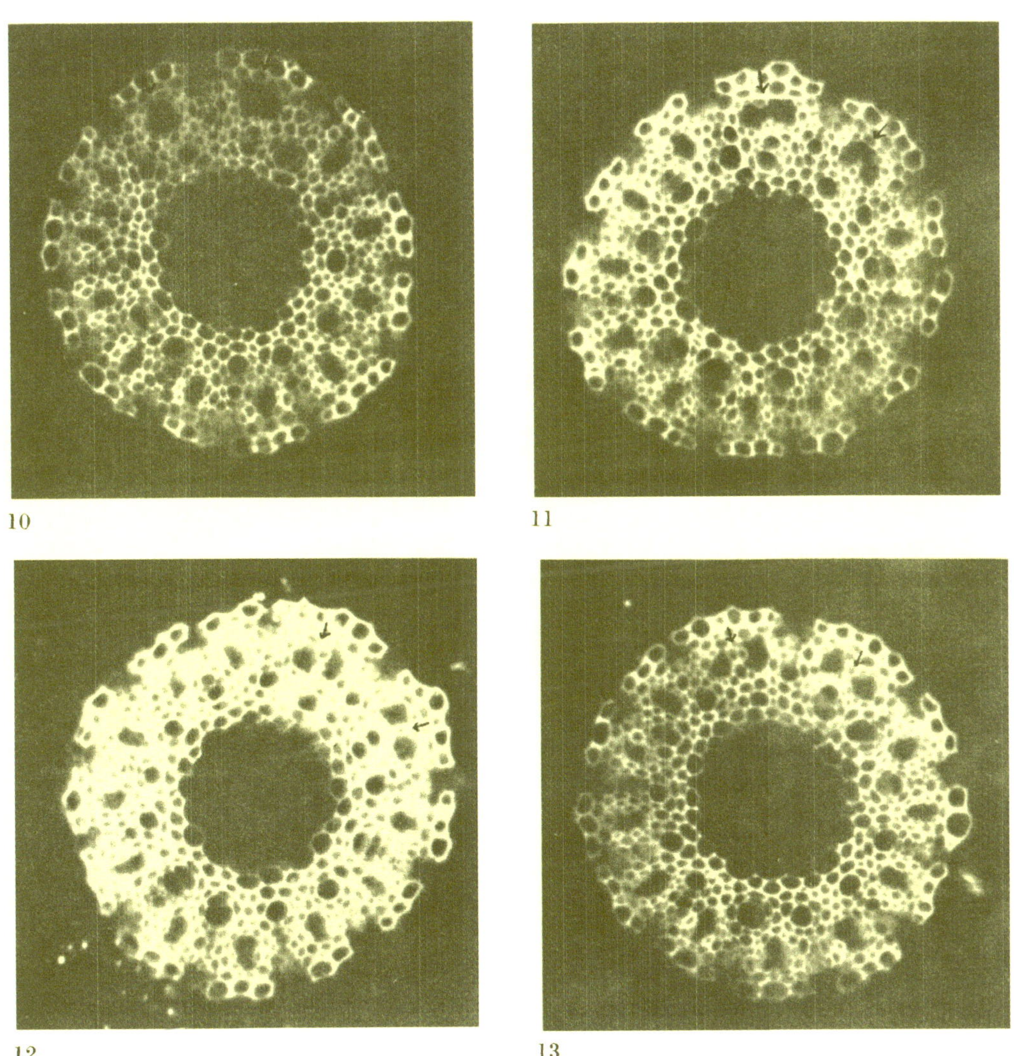

Fig. 10—13: *Dendrobium moschatum*. Querschnittserie. Fluoreszenzaufnahme. Übergang eines 12strahligen Gefäßbündels zu einem 14strahligen.

Die in den Sitzungsberichten Abtlg. I und Abtlg. II der math.-nat. Klasse der Österr. Ak. d. Wiss. erscheinenden Abhandlungen werden auch einzeln abgegeben. Sie können durch jede Buchhandlung oder direkt durch die Auslieferungsstelle der Österreichischen Akademie der Wissenschaften (Wien I, Singerstraße 12) bezogen werden.

Nachfolgende Abhandlungen aus dem Fach der **Zoologie** sind erschienen:

1959 (S I Bd. 168):

Löffler Heinz: Zur Limnologie. Entomostraken- und Rotatorienfauna des Seewinkelgebietes (Burgenland, Österreich) (mit 5 Textabbildungen und 4 Tafeln). S 60.20

Remaudière Georges: Zoologisch-systematische Ergebnisse der Studienreise von H. Janetschek und W. Steiner in die spanische Sierra Nevada 1954. XI. Homoptera, Aphidoidea (mit 12 Textabbildungen). S 9.70

Schubart Otto: Zoologisch-systematische Ergebnisse der Studienreise von H. Janetschek und W. Steiner in die spanische Sierra Nevada 1954. XII. Diplopoda (mit 9 Textabbildungen). S 16.50

Schuster Reinhart: Ökologisch-faunistische Untersuchungen an den bodenbewohnenden Kleinarthropoden (speziell Oribatiden) des Salzlachengebietes im Seewinkel (mit 6 Textabbildungen). S 45.40

Steiner Walter: Zoologisch-systematische Ergebnisse der Studienreise von H. Janetschek und W. Steiner in die spanische Sierra Nevada 1954. X. Springschwänze (Collembola) (mit 5 Textabbildungen). S 12.90

Wettstein-Westersheimb Otto: Die alpinen Erdmäuse. S 10.—

1960 (S I Bd. 169):

Abel W.: Biophysikalische Gesetzmäßigkeiten am Vogelei (Das Aktivstufengesetz und Energiegesetz) (mit 20 Abbildungen, davon 2 Abbildungen auf 1 Tafel). S 60.—

Nemenz H.: Experimente zur Ionenregulation der Larve von Ephydra cinerea Jones (Dipt.) (mit 7 Textabbildungen). S 20.30

Viets O. Kurt: Kleine Sammlungen von Wassermilben (Hydrachnellae und Porohalacaridae aus Österreich (mit 9 Textabbildungen). S 17.—

1961 (S I Bd. 170):

Abel E. F., Über die Beziehungen mariner Fische zu Hartbodenstrukturen (mit 5 Textabbildungen). S 170—24, S 47.—

Eiselt Josef, Neubeschreibungen und Revision siphonostomer Cyclopoiden (Copepoda, Crust.) von der südlichen Hemisphäre nebst Bemerkungen über die Familie Artotrogidae Brady 1880 (mit 18 Textabbildungen). S 170—29, S 82.—

Gozmány L., Zoologische Ergebnisse der Mazedonienreisen Friedrich Kasys. III. Teil: Lepidoptera: Gelechiidae. Eine neue Art der Gattung Eremica (mit 1 Textabbildung). S 170—28, S 5.—

Hannemann H. J., Zoologische Ergebnisse der Mazedonienreisen Friedrich Kasys. II. Teil: Lepidoptera: Scythridae (mit 4 Textabbildungen). S 170—27, S 8.—

Petrovitz Rudolf, Zoologische Ergebnisse der Österreichischen Karakorum-Expedition 1958. II. Teil: Coleoptera: Scarabaeidae (mit 12 Textabbildungen). S 170—5, S 17.90

Starmühlner Ferdinand, Eine kleine Molluskenausbeute aus Nord- und Ostiran (mit 1 Textabbildung und 2 Tafeln). S 170—4, S 14.70

Toll Sergiusz, Zoologische Ergebnisse der Mazedonienreisen Friedrich Kasys. I. Teil: Lepidoptera: Choleophoridae (mit 54 Textabbildungen und 1 Tafel). S 170—26, S 33.—

1962 (S I Bd. 171):

Beier Max, Zoologische Studien in West-Griechenland. X. Teil. Walter Klemm, Die Gehäuseschnecken (mit 1 Kartenskizze, 2 Abbildungen und 4 Tafeln) 171—7, S 55.—

Schedl Wolfgang Ein Beitrag zur Kenntnis der Pilzübertragungsweise bei xylomycetophagen Scolytiden (Coleoptera) (mit 16 Abbildungen) 171—19, S 39.—